重力坝安全监测系统评价及预警方法研究

芦绮玲 那巍 付宏 王雪 等 著

 中国水利水电出版社
www.waterpub.com.cn

·北京·

内 容 提 要

本书在总结多年水库大坝安全管理工作的基础上,以山西汾河二库碾压混凝土坝为研究对象,主要介绍了重力坝安全监测系统评价和预警体系。主要内容包括:大坝安全监测系统评价方法研究;汾河二库大坝安全监测系统评价及相应改进建议;大坝安全监控指标拟定方法研究;混凝土坝多场耦合模型与有限元求解;基于汾河二库大坝多场耦合数值计算,拟定大坝安全变形预警指标等。

本书可供从事水库大坝安全的研究、管理、技术人员参考,也可供高等院校相关专业老师、学生参考使用。

图书在版编目(CIP)数据

重力坝安全监测系统评价及预警方法研究 / 芦绮玲
等著. -- 北京 : 中国水利水电出版社,2021.9
ISBN 978-7-5170-9926-0

Ⅰ. ①重⋯ Ⅱ. ①芦⋯ Ⅲ. ①重力坝-安全监测-评价②重力坝-预警系统-研究 Ⅳ. ①TV649

中国版本图书馆CIP数据核字(2021)第187831号

书 名	**重力坝安全监测系统评价及预警方法研究** ZHONGLIBA ANQUAN JIANCE XITONG PINGJIA JI YUJING FANGFA YANJIU	
作 者	芦绮玲 那巍 付宏 王雪 等 著	
出版发行	中国水利水电出版社 (北京市海淀区玉渊潭南路1号D座 100038) 网址:www.waterpub.com.cn E-mail:sales@waterpub.com.cn 电话:(010)68367658(营销中心)	
经 售	北京科水图书销售中心(零售) 电话:(010)88383994、63202643、68545874 全国各地新华书店和相关出版物销售网点	
排 版	中国水利水电出版社微机排版中心	
印 刷	清淞永业(天津)印刷有限公司	
规 格	184mm×260mm 16开本 9.5印张 231千字	
版 次	2021年9月第1版 2021年9月第1次印刷	
印 数	0001—1000册	
定 价	**58.00元**	

凡购买我社图书,如有缺页、倒页、脱页的,本社营销中心负责调换

前　　言

　　大坝安全监测是大坝运行管理的重要组成部分，是掌握大坝安全性态的重要手段，是科学调度、安全运行的前提。随着大坝服役年限的延续，材料蠕变、结构老化会导致工程安全运行性态的变化，此外工程地质条件、施工质量存在与设计假定不一致，以及大坝安全监测设施也可能出现老化失效等问题，导致原有监测系统难以全面有效监控大坝安全。据统计，全国约 1/5 大型水库和 1/3 中型水库的安全监测设施运行不正常，约 1/4 已建安全监测自动化系统不能正常工作。因此，开展大坝安全监测系统评价研究，定期进行系统评估以掌握其工作状况，有利于确保大坝安全监测设施持续稳定运行，对保障大坝安全具有重大意义。

　　我国现有大量重力坝，其中已建坝高超过 15m 以上的砌石重力坝达 500 座，混凝土重力坝超过 200 座，这些大坝在水资源高效利用、确保能源安全、生态安全和粮食安全中发挥着重要作用。世界上最高的重力坝为 GRAND DIXENCE 重力坝，最大坝高为 285m。我国最大的重力坝为三峡混凝土重力坝，最大坝高 181m，坝轴线长2309.5m。随着施工技术的发展，碾压混凝土重力坝成为近年来重力坝的发展方向。进一步发挥重力坝安全系数高、施工技术成熟等优势。本书以山西汾河二库碾压混凝土重力坝为研究对象，通过对监测系统的评价和预警方法研究，致力于解决重力坝运行管理的关键问题。

　　众所周知，监测指标是评价和监测大坝安全的重要技术参数，制定科学合理的监测预警指标是大坝安全监测体系的关键，对于监测大坝等水工建筑物的安全运行具有相当重要的作用。拟定安全监测预警指标的主要任务是根据大坝和坝基等建筑物已经抵御经历荷载的能力，评估和预测抵御可能发生荷载的能力，从而确定该荷载组合下监测效应量的警戒值和极值。由于有些大坝可能还没有遭遇最不利荷载，同时大坝和坝基抵御荷载的能力在逐渐变化，如果大坝的监测值处于安全范围，则大坝是安全的。否则需要分析溯源且采取对应的措施。因此，预警指标的拟定是比较复杂的问题，一直是国内外坝工界研究的重要课题。

　　随着水利信息化和水电站智能化的发展，新型数据分析方法不断涌现，但是我们必须清晰地看到，数据可靠性是保证后续数据处理分析和结构正确性的基础，安全信息感知的有效性和充分性则依赖于有效的监测系统，或称为感知系统。因此，本书基于风险分析理论对碾压混凝土重力坝的现场监测系统进行可靠性评估，将评估信息作为监测系统更新改造、参数反演权重以及风险规避的依据。

实测数据分析大多数建立在统计学或以统计理论为基础的相关理论，统计方法最大的不足就是物理意义不够，这对成果应用和推广存在一定影响，对于基于单一实测数据的预警指标研究也不例外，为此研究具有实际物理意义的监控指标方法具有更大的需求。本书采用基于多场耦合的方法，以重力坝的变形作为预警项，在分析变形影响因素的基础上建立多场耦合方程，采用多种工况下计算相应正常值的方法拟定预警指标。数值分析表明该方法能准确把握真实大坝的可能失效模式，确定不同工况下的预警指标。

全书共分7章，第1章由芦绮玲、付宏、那巍撰稿，第2章由王雪撰稿，第3章由芦绮玲、王雪、那巍撰稿，第4章由王雪撰稿，第5章由付宏、王雪撰稿，第6章由芦绮玲、那巍、王雪撰稿，第7章由芦绮玲、付宏撰稿。全书由芦绮玲统稿，付宏校核。方卫华、王婧、李智、王毅、赵智等参与本书编写。衷心感谢山西省水利厅、山西省水利发展中心、山西汾河流域管理科技有限公司、水利部南京水利水文自动化研究所、山西省汾河二库管理局以及山西天宝信息科技有限公司等单位给予的大力支持。

本书的出版得到了山西省科技重点研发计划项目、山西省水利科学研究与推广项目以及山西省河道与水库技术中心、山西天宝信息科技有限公司院士工作站的资助和支持。同时，本书也借鉴了水库大坝安全监测领域专家学者的研究成果，在此一并向他们表示衷心的感谢！

限于作者水平，本书一定存在瑕疵和不足，恳请各位读者批评指正。

作者

2021 年 7 月于太原

目 录

第1章 绪 论

1.1 大坝安全监测系统研究应用背景与意义

大坝安全监测是监视和掌握大坝运行性态的重要非工程措施,是检验设计、校核施工和了解大坝安全状态的有效手段。大坝失事的原因多种多样,均与不能及时掌握建筑物实际运行性状有关。绝大多数建筑物的破坏过程都不是突然发生的,一般都有一个缓慢的从量变到质变的发生过程。大坝安全监测系统是获取监测资料的载体和基础,是监控大坝运行性态、及时发现安全隐患的重要设施,是大坝安全分析和评价大坝运行性态的重要依据之一。因此,大坝安全监测系统在大坝安全管理中具有重要的地位。对大坝安全监测系统进行综合评价,以确定监测系统的当前工作状态,对获取可靠的监测资料,保障大坝安全具有重要意义,同时可为监测系统更新改造提供科学依据。

目前,制定科学合理的监测预警指标是构建大坝安全监测体系的核心任务。由于不同类型水库大坝结构复杂、失效模式众多,大型水库大坝尤甚。同时有些大坝可能还没有遭遇最不利荷载,而大坝和坝基抵御荷载的能力逐渐变化,监测预警指标属于动态函数。当前,通行的监控指标拟定方法未充分考虑各测点数据之间存在空间相关、时间相依和非平稳性,更为严重的是典型效应量的小概率法等不能合理考虑结构运行环境及结构本身的变化,而基于常规的逐步回归、浅层学习等方法难以提取极端条件下的临危特征,还存在适定性和泛化能力不足等问题。在实施具体监测项目拟定监测预警指标时,采用实测资料结合数值模拟的方法,结合现代统计理论和智能学习方法拟定动态多维预警指标,将监测系统设置的目的同具体大坝赋存环境、大坝的结构特征以及大坝安全隐患等大坝安全风险相结合,进行系统和协同分析是可行的技术途径。

1.2 大坝安全监测系统评价应用研究进展

大坝安全监测系统评价方法总体而言越来越复杂,各种方法应用的领域更加广泛,目前仍以综合评价方法为主,主要有综合指数评价法、功效系数法、多元统计评价法、灰色系统评价法、模糊综合评判法、AHP法、DEA法和ANN法等。其中:综合指数评价法的基本思想是对不同的实际指标值进行指数变换,使用加权计算出综合指数,然后进行对比分析。该方法的优点是可以使得评价整个过程比较全面系统,且计算简单,但是每个指标值需有上、下限值,否则会影响最终的评价结果。多元统计评价法适合多个评价指标和评价对象相互联系在一起时分析其统计规律。灰色系统评价法是对于特定的预期目标针对评价对象所处的某一时期的状态做出评价。层次分析法是一种常用的综合评价方法,其主要优点是可以有效地避免传统的主观定权法存在大的偏差，但有时也会因为一层层的综合加权平均后评价的指标值被弱化。模糊综合评价法将不确定的指标转变为一种模糊概念，在一定程度上将定性的问题变为定量化，但是评价的主观性较为明显。

陈培真[1]通过对赵山渡水库大坝运行监测系统评价及近年来所观测资料分析，发现大坝监控系统存在监测点布置、设施不完备、监测精度低等诸多问题，提出对现大坝监测系统进行更新改造的建议，主要包括：坝顶水平位移采用视准线活动觇牌法监测；垂直位移采用几何水准测量法监测，按国家一等水准测量要求施测；在闸墩伸缩缝布置三向型板式测缝计，用以监测伸缩缝张开、错动和不均匀沉降三个方向的位移情况；布置扬压力监测孔，用于监测各坝段的扬压力；在左、右岸各布置两个绕坝渗流监测孔，用于监测绕坝渗流。李晓艳和刘原峰[2]介绍了隔河岩大坝安全监测系统的布置情况（包括坝区变形监测控制网，变形、渗流、应力应变监测系统和自动化监测系统），在利用施工资料、现场检查和测试与对自动观测数据及人工观测数据进行对比分析的基础上，对整个监测系统的完备性、监测精度和可靠性作出了评价，对监测系统的仪器设备、观测项目及观测频次提出改进意见。毛忠华和晏祖江[3]针对天生桥二级水电站大坝及右岸边坡安全监测系统的现状和存在的问题，结合当时国内大坝监测的技术水平，对大坝监测系统中的观测项目、监测设施的布置和初期规模进行了探讨，并提出了更新改造建议。肖小玲等[4]从现场调查、现场测试和长期监测资料分析等角度，对良浅大坝坝顶视准线水平位移监测系统的工作状态进行了综合评价，分析了该监测系统存在的问题，提出了改进建议，主要包括：进一步规范视准线水平位移监测工作，提高观测精度；定期对工作基点进行校测，以分析工作基点的稳定性；将坝顶水平位移观测方法改为引张线观测系统。引张线观测精度较视准线高，且能实现全自动化观测。马毅[5]根据《混凝土重力坝设计规范》（SL 319）观测项目测点布设的原则和《混凝土坝安全监测技术标准》（GB/T 51416）对监测项目的要求，结合实际情况，对古城水电站大坝安全监测系统进行了可靠性分析，评价了监测系统存在的问题，提出了改进建议和措施。针对蓄水后水平位移右岸工作基点严重变位，提出了监测建议，并进行了视准线改造。张俊涛[6]从安全监测项目的完备性和监测成果的可靠性与合理性两方面评价了小浪底大坝安全监测的工作状况，提出了相应的改进建议。王锐[7]结合山西省文峪河水库的自动化监测系统建设，以土石坝渗流监测为切入点，从安全评价的角度对工程实施过程中的设备选型、系统集成、报警体系以及软件编制等多个环节进行了系统研究。翟旭瑞等[8]提出了一种利用 BP 神经网络进行大坝安全监测系统评价的方法，并且对神经网络的样本评价采用了 AHP 以及模糊评价的方法。该方法充分利用了模糊数学理论与神经网络方法，为大坝安全监测系统的评价提供了可行的途径。

梅红等[9]结合某混凝土坝确定了控制网、引张线、视准线及垂线的设计精度评价指标，以及监测数据的长期准确性评价指标。将数理统计和逐步回归模型用于指标制定，能够得到严格、灵活的评价指标，部分评价指标结合混凝土坝监测系统的实际情况和参考专家的意见来确定。实际应用结果表明拟定的各评价指标是切实可行的。何金平等[10-13]构建了一个具有四层三级结构的大坝安全监测系统综合评价指标体系，将评价等级分为良好、合格、较差和很差四个等级，由监测管理评价、自动化系统评价、单项监测系统评价及监测系统设计评价四个评价指标组成了监测系统评价指标，讨论了定量评价指标和定性评价指标隶属度的计算方法和各评价指标的权重建议值，采用模糊综合评价方法研究了大坝安全监测系统综合评价方法，实例表明：模糊综合评价方法为监测系统的合理评价提供了一个更有效的新途径，能较好地解决监测系统定量综合评价的问题。杨贝贝等[14]借助物元可拓理论分析监测系统各评价指标矛盾相容、定量与定性共存问题，采用层次分析法（AHP）和熵权理论相结合的手段处理安全监测系统各评价指标赋权问题，对某坝监测系统的安全评价验证了基于 AHP-熵权的物元可拓模型在大坝安全监测系统工作性态评价中的可行性。赵花城[15]从运行期大坝现有监测设施可靠性和监测系统完备性两个方面介绍了监测系统评价的内容。从影响可靠性的因素出发，阐述监测设施可靠性评价的要点，以满足评价大坝安全性为标准，阐述运行期大坝安全监测系统完备宜具备的条件。陈涛[16]改进了物元可拓方法，构建出基于改进物元的大坝安全评价模型，同时引入 BP 神经网络预测模型，将预测与评判相结合，采取动态等维新息模式，实现了大坝安全动态评价。胡魏玲等[17]以某重力坝的安全监测系统为例，提出了安全综合评价体系，同时基于模糊数学运用模糊重心理论建立了该大坝安全监测系统综合评价模型，计算结果表明该模型较全面的考虑到了监测系统的实际情况，可用于工程实际。王玉洁和傅春江[18]采用多因素评判理论评价了长潭水电站大坝安全监测系统。张勇等[19]从监测仪器的可靠性、现场检查评价和完备性三方面综合评价了西溪水库大坝的安全监测仪器的运行状态。陈建华[20]基于广东龙川枫树坝的安全监测系统，建立了评价大坝安全监测系统的模糊综合评判模型。研究了安全监测系统中变形、渗流渗压、自动化等各项监测设施的具体评价指标，并运用模糊综合评判法成功实现了对枫树坝安全监测系统的定量评价。周建波和王玉洁[21]在对监测系统可靠性、完备性评价的基础上，提出监测系统评级原则，明确监测系统完备性、可靠性等评价要素的具体内容和标准，并在实际工程中进行应用。刘振华[22]针对陕西省内宝鸡峡灌区内湑河大坝安全监测系统的任务和监测系统的主要设计内容，构建了一套综合评价的指标体系，该指标体系包括监测设施设计评价指标、监测设施运行状况评价指标、自动化系统评价指标以及运行管理评价指标四个一级指标，并细分为 15 个评价指标。安全监测系统的评价指标是定性与定量相结合的，运用层次分析法和熵值法分别确定指标体系的权重，并进行对比分析得到评价指标最终权重。设定了安全监测系统等级为优秀、良好、合格及不合格四个等级，以及这四个等级的评分区间，对比专家评价法、模糊综合评价法等综合评价方法。成荣亮和王伟龙[23]利用层次分析法研究了混凝土坝监测系统评价指标体系及量化方法，分析了指标集、评价集和指标权重，构建了模糊评价模型，对西溪混凝土坝的安全监测系统进行了模糊综合评价。林长富等[24]结合大坝安全监测的相关技术规范和已有的工程经验，提出了大坝安全监测系统综合评价中单项评价指标和整体监测系统的四级评价等级划分方法，分析了各评价等级的分级标准，讨论了不同评价等级监测仪器的相应处理方法。王士军等[25]在梳理国内外大坝安全监测相关规范及实践经验基础上，提出了大坝安全监测系统评价总体框架安全监测设施可靠性及完备性、监测系统运行维护和自动化系统评价要素及评价方法等。大坝安全监测系统评价内容包括监测设施完备性评价、监测设施运行维护评价和自动化系统评价。监测设施完备性评价基于监测设施考证资料、现场检查与测试以及历史测值分析等方法，评价为可靠或基本可靠的监测设施是否满足大坝安全监控要求；监测设施运行维护评价包括运行管理保障、观测与维护以及资料整编分析等；监测自动化系统评价内容包括数据采集装置、计算机及通信设施、信息采集与管理软件、运行条件和运行维护等方面。监测系统综合评价分为正常、基本正常和不正常三个等级。曹文波等[26]概述了综合评价方法理论的发展历程及最新进展，总结了目前综合评价方法及其在监测系统综合评价应用中存在的问题，提出了监测系统综合评价方法的选择原则。简要分析了各种综合评价方法的优缺点和适用条件、论述了监测系统综合评价的指标及权重的特点，以模糊综合评价方法为例，提出了监测系统综合评价的思路和评价模型。

1.3　大坝安全监控指标拟定研究进展

监控指标是监控大坝安全的关键技术参数，可以快速地判断水库大坝的安全状况，主要包括变形、扬压力和应力等。扬压力和应力的监控指标依据规范拟定。拟定变形监控指标则比较复杂，因为大坝的坝型、筑坝材料、坝高、地形地质以及运行方式等不同，各座大坝及各个坝段的变形监控指标也不同。拟定监测指标需要依据实测资料，进行全面深入地正反分析，然后通过荷载场，将应力场与位移场进行复杂的耦合结构正反分析。充分了解利用大坝及其基础的物理力学性质，借助物理力学方法建立变形与荷载的函数关系，分析研究大坝变形规律，建立变形监控模型和拟定变形监控指标，对在设计、施工阶段预测可能出现变形，对监控大坝安全运行均具有重要意义。目前，安全监控指标拟定方法主要有置信区间估计法、典型监控效应量小概率法、极限状态法和结构分析法等。

刘贝贝等[27,28]采用置信区间法、典型监测效应量的小概率法和极限状态法拟定棉花滩大坝典型坝段坝顶水平位移的安全监测指标，比较了各种方法的拟定结果。汤丽慧[29]采用置信区间法和极限状态法拟定了碾压混凝土坝的位移监测指标。聂俊[30]根据遗传算法得到的位移监控模型，通过置信区间法拟定了隔河岩重力拱坝的径向位移监控指标。文锋[31]利用沿清江隔河岩大坝拱冠梁的垂线建立起该坝段径向水平位移的一维多测点模型位移监控模型，以反映各个测点位移之间的相互联系，同时在建立的一维位移确定性模型基础上，通过置信区间法给出了该坝段的一维位移监控指标方程。

吴中如和卢有清[32]根据某重力坝的原型观测资料，以稳定、强度和抗裂为控制条件，提出了典型监测量的小概率法、安全系数法、一阶矩极限状态法和二阶矩极限状态法拟定大坝的安全监控指标，提出安全监控指标应分为警戒值和极值，并建议用安全系数法估计警戒值，作为一级监控指标；用极限状态法（一阶矩或二阶矩法）或典型监测量的小概率法（必须经受过不利荷载组合）估计极值，作为二级监控指标。此外，吴中如等[33-36]根据原型观测资料反馈大坝的安全监测指标，提出了安全监测指标的理论与方法，并在深入分析混凝土坝的渐进破坏机理的基础上，根据大坝的结构性态可分弹性、弹塑性和失稳破坏三个阶段，提出了一、二、三级变形监测指标的概念及其划分标准，且成功地应用于丹江口、龙羊峡、佛子岭等水电站工程。

蔡德文和冯宇强[37]用典型小概率法来评估和预测抵御可能发生荷载的能力，从而确定监控效应量的可能极值（监控指标），拟定了某水电站典型坝段的位移监控指标，实例表明该方法简单可行且精度高。叶琴[38]采用典型监测效应量的小概率法和置信区间法拟定了古田溪一级大坝水平位移监测指标。郑东健等[39]和金秋等[40]采用典型监测效应量的小概率法和极限状态法拟定了古田溪一级大坝水平位移监测指标，建议用极限状态法和典型监测效应量的小概率法分别确定下游水平位移的最大值和最小值。李磊[41]从水压分量、温度分量、时效分量三个方面对混凝土坝变形过程进行监控，采用有限元法计算和典型小概率法拟定位移监控指标。雷鹏等[42]从协同学和信息熵的角度出发，提出了能综合评价混凝土大坝空间场整体变形性态的变形熵表达式，在此基础上，应用小概率法对变形熵序列值进行分析，并拟定变形熵的预警指标值。包腾飞等[43]基于监测资料和有限元分析成果，采用典型监测效应量的小概率法和极限状态法拟定了新安江典型坝段坝顶水平位移监测指标。典型监测效应量的小概率法是基于监测资料建立预警指标的常用方法，但该方法仍存不足，如若大坝没有遭遇过最不利荷载或者监测资料时间系列很短，则效应量样本不包含最不利荷载组合时的监测效应量。周稳忠等[44]将正态分布计算转换成查询标准正态分布表，将不同荷载分量进行分解，提出了改进的典型小概率法。改进典型小概率法不仅计算方便且充分考虑到最不利荷载的组合情况，增加了监控指标的可靠性。

孙学智[45]建立了黄坛口混凝土重力坝主要观测量的数理统计模型和典型坝段水平位移混合模型等，通过对各数学模型的分析和参数反演，综合考虑水位温度采用改进小概率法拟定了典型坝段水平位移的监控指标。Lei等[46]基于变形熵理论采用小概率法计算高混凝土坝空间变形预警指标。丛培江等[47]运用最大熵理论推导了大坝原型观测数据的概率分布函数，结合失效概率给出了大坝的变形监控指标。谷明晗[48]分别应用典型小概率法和混合法对在役混凝土重力坝的位移监控指标进行了拟定，对比了两种方法的计算结果，得到了不同方法对应的适用范围。

俞进萍等[49]采用强度储备法研究了混凝土坝的变形监控指标，该方法可以综合考虑大坝可能遭遇的各种水位荷载。沈振中等[50]用非连续变形分析方法和强度折减法，根据重力坝的整体抗滑稳定确定重力坝的变形预警指标。朱济祥[51]、刘健等[52,53]用结构分析法提出了李家峡拱坝一、二、三级监测指标。刘必秀等[54]分析了丹江口大坝31号坝段典型测点的位移实测数据，结合有限元计算，探讨了该段的变形监控指标，将大坝变形监控指标分为一般警戒值、特别警戒值和危险值三级，并分别用置信区间法、典型监测量的分量挑选法和平面弹塑性有限元计算丹江口大坝31号坝段拟定了它们的具体数值。Su等[55]提出了一种基于大坝原型观测资料和大坝结构数值模拟确定拱坝变形预警指标的方法。龙三文[56]采用动力三维有限元拟定了飞来峡土坝抗震安全监控指标。吴相豪和刘俊汝[57]提出了基于安全系数拟定面板堆石坝变形一级监控指标方法，该方法可弥补常规分析法拟定变形监控指标不能考虑大坝等级和重要性的缺陷。首先，采用有限元强度折减法，建立面板堆石坝抗滑稳定安全系数与坝体上下游水位的关系式，根据大坝等级和重要性确定的坝坡抗滑稳定安全系数求出坝体上下游水位，计算坝体在该组水位作用下的水压位移；然后，依据面板堆石坝施工过程、蓄水及运行计划，计算坝体时效位移；最后拟定面板堆石坝变形一级监控指标。

雷鹏等[58]将区间分析方法引入到大坝变形监控指标拟定中，研究了区间不确定性因素对大坝监控指标的影响。谷艳昌等[59]将蒙特卡罗方法应用于大坝安全监测指标拟定中，既结合了大坝原型观测资料，也考虑了基本变量的随机性，较传统方法更加合理科学。虞鸿等[60]将能够拟合寿命和强度等随机现象的威布分布应用于大坝变形监测指标的拟定中，在一定程度上体现了大坝的工作状态。

孙鹏明等[61]综合同一断面不同高程处水平位移序列，采用投影寻踪模型将高维数据投影到低维空间，形成加权位移值，运用云模型正、逆向云发生器拟定大坝位移安全监控综合指标。黄勇[62]通过引入极值理论提出了基于融合权重的 POT 混凝土拱坝变形监控模型，且将其成功用于雅砻江流域某混凝土拱坝。对于多测点原型观测数据，以融合权重法确定其综合权重，以信息熵理论构建多测点的变形熵，通过 POT 模型设置一定的阈值，选取变形熵的超限值作为建模对象，利用广义帕累托分布拟合超限数据子样，以失效概率给出大坝变形监控指标。认为该方法高效、可行且具有较高的精度。张云龙和王文明[63]针对大坝观测数据的模糊性和随机性问题，引入投影寻踪法（PPA）及云模型（CM）理论，提出了基于 PPA - CM 模型的大坝变形监控指标拟定方法。模型采用投影寻踪法确定大坝各变形测点权重，运用信息熵理论构建多测点变形熵，基于云模型理论计算多测点变形熵的数字特征值，并依据云模型的 3En 规则，拟定了大坝变形测点的监控指标。罗倩钰等[64]将 Bootstrap 方法和 KDE 理论相结合，在混凝土坝运行初期监测资料系列较短的情况下利用现有资料对大坝抵御未来荷载的能力进行估计，通过与传统统计模型的对比分析说明，该方法提高了混凝土坝运行初期安全监控指标拟定的准确性。

碾压混凝土坝是逐层铺筑、逐层碾压而成的，层与层之间的结合面是坝体的薄弱面，强度低、透水性强，其力学性能与常规混凝土坝相比有明显的差异。因此，在监控大坝运行安全时不能简单地将常规混凝土坝的安全监控理论应用到碾压混凝土坝中，而应考虑碾压混凝土坝的结构特点。郭海庆等[65]用薄层单元模拟碾压混凝土坝体的施工层面，采用应力场与渗流场耦合的黏弹性有限元分析方法拟定碾压混凝土坝的变形监测指标。吴相豪和吴中如[66]结合沙牌碾压混凝土拱坝讨论了碾压混凝土坝变形一级监控指标的拟定方法。混凝土坝处于一级监控状态时，大坝及基岩一般呈黏弹性工作状态，存在着随时间变化的不可逆变形，即时效变形，时效变形是分析和评价大坝安全状况的重要依据之一。因此，拟定坝体变形监控指标时分两步进行，首先用黏弹性有限元法计算坝体在自重、水压荷载作用下的时效位移分量δe；然后考虑渗流场与应力场的耦合因素，用弹性有限元法计算坝体在水荷载、温度荷载等作用下的弹性位移分量$\delta \theta$，据此拟定坝体变形一级监控指标$\delta m = \delta e + \delta \theta \pm \Delta$（$\Delta$ 为垂线的允许中误差，其值为 0.1 mm）。后来，吴相豪[67]引用岩石裂隙渗流场与应力场四自由度全耦合机理及弹塑性有限单元法，讨论了碾压混凝土坝变形二级监控指标的拟定方法。陈龙[68]利用上包络典型监测效应量的小概率法确定水平位移的监测指标，并定义和研究了碾压混凝土坝的模糊监测指标和随机监测指标。蒋清华等[69]通过建立有限元力学模型和混合模型，拟定了碗窑碾压混凝土重力坝典型坝段坝顶水平位移的一级监控指标。肖磊等[70]针对高寒地区某碾压混凝土重力坝的挡水坝段，引入改进的快速 Myriad 滤波法对大坝变形监测数据进行预处理，分别采用最大熵法和云模型法拟定大坝运行期变形监控指标，探讨了异常概率与云模型弱外围元素对定性概念贡献率之间的关系。Huang 和 Wan[71]基于正交试验法采用小概率和最大熵法确定高山区碾压混凝土重力坝黏弹性变形监控指标。由于考虑了更多随机因素，因此采用正交试验法获得的变形监控指标更精确。王开拓等[72]基于 ANSYS 参数化语言编程，采用三维有限元理论按照

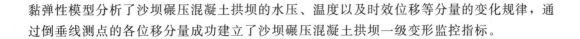
黏弹性模型分析了沙坝碾压混凝土拱坝的水压、温度以及时效位移等分量的变化规律，通过倒垂线测点的各位移分量成功建立了沙坝碾压混凝土拱坝一级变形监控指标。

1.4　主　要　内　容

近年来，山西省水利厅重视水库安全管理工作，已建成山西省水库大坝安全监控系统，进一步创新了水库安全管理手段，提高了全省水库管理水平。2018年年底，在山西省科技厅、山西省水利厅的支持下，山西省河道与水库技术中心建立了太原市院士工作站，搭建了高层次人才、科研单位和高新技术企业的合作平台，构建"三位一体"水库大坝安全监控系统技术升级团队，深入开展了山西水库大坝安全管理研究与应用，该部分内容是山西水库大坝安全监测系统技术升级项目子课题之一。

本书的研究内容主要包括：

（1）采用文献查阅、现场考察开展相关研究，总结大坝安全监测系统评价方法、大坝安全监控指标拟定方法。

（2）通过分析监测系统考证资料，经现场检查和仪器测试，对监测资料进行对比分析。依据相关技术规范，结合建筑物的运行情况和安全性态，对汾河二库大坝安全监测系统的完备性、监测精度、可靠性以及监测频次做出综合评价，对监测工作等提出改进建议和意见。

（3）建立汾河二库大坝温度场-渗流场-应力场耦合分析模型，采用三维弹塑性有限元进行数值计算，结合监测数据，拟定汾河二库大坝安全监测典型效应量典型测点的预警指标。

参 考 文 献

[1] 陈培真.赵山渡水库大坝监测系统评价和资料分析[J].水利建设与管理，2011，31（11）：55-58.

[2] 李晓艳，刘原峰.隔河岩大坝安全监测系统评价及改进[J].湖北水力发电，2007，68（2）：25-27.

[3] 毛忠华，晏祖江.天生桥二级水电站大坝安全监测系统评价及更新改造初探[J].贵州水力发电，1995，4：36-40.

[4] 肖小玲，林长富，何金平.良浅大坝视准线水平位移监测系统评价[J].中国水运，2011，11（11）：101-103.

[5] 马毅.古城水电站大坝监测系统可靠性评价[C]//西北五省（区）水电学会联系网第20次会议论文集，2005：93-96.

[6] 张俊涛.小浪底大坝安全监测系统分析与评价[D].南京：河海大学，2007.

[7] 王锐.土石坝自动化监测系统安全评价研究[D].太原：太原理工大学，2004.

[8] 翟旭瑞，吕振中，王国松.基于BP神经网络的大坝安全系统评价研究[J].水资源与水工程学报，2007（1）：60-63.

[9] 梅红，段伟，黄腾，等.混凝土坝安全监测系统评价指标[J].水电自动化与大坝监测，2009，33（6）：55-58.

[10] 何金平，吴雯娴，涂圆圆，等.大坝安全监测系统综合评价（Ⅰ）基本体系[J].水电自动化与大坝监测，2011，35（1）：40-43.

[11] 何金平，逄智堂，马传彬．大坝安全监测系统综合评价（Ⅱ）评价标准 [J]．水电自动化与大坝监测，2011，35（2）：43－47.

[12] 何金平，涂圆圆，逄智堂．大坝安全监测系统综合评价（Ⅲ）评价方法 [J]．水电自动化与大坝监测，2011，35（3）：63－66.

[13] 何金平，施玉群，吴雯娴．大坝安全监测系统综合评价指标体系研究 [J]．水力发电学报，2011，30（4）：175－180.

[14] 杨贝贝，苏怀智，付浩雁，等．大坝安全监测系统综合评价方法研究 [J]．中国农村水利水电，2015，12：122－124.

[15] 赵花城．运行期大坝安全监测系统评价 [J]．大坝与安全，2015（1）：73－76.

[16] 陈涛．基于改进物元法及监控模型的大坝安全动态评价研究 [D]．合肥：合肥工业大学，2017.

[17] 胡魏玲，邓念武，刘任莉．基于模糊重心法的大坝安全监测系统综合评判 [J]．水电与新能源，2015（11）：43－46.

[18] 王玉洁，傅春江．多因素评判理论在监测系统综合评价中的应用 [J]．大坝与安全，2003（6）：52－53.

[19] 张勇，李子阳，马福恒，等．西溪水库大坝安全监测仪器可靠性评价 [J]．浙江水利水电学院学报，2015，27（3）：22－27.

[20] 陈建华．基于模糊数学理论的大坝安全监测系统综合评价研究 [D]．南京：河海大学，2007.

[21] 周建波，王玉洁．运行期水电站大坝安全监测系统评级方法及应用 [J]．大坝与安全，2017（2）：14－17.

[22] 刘振华．土石坝安全监测系统综合评价 [D]．西安：西安理工大学，2018.

[23] 成荣亮，王伟龙．基于模糊层次聚类的混凝土坝安全监测系统评价指标研究 [J]．水电与抽水蓄能，2017，3（1）：91－95.

[24] 林长富，肖小玲，何金平．大坝监测系统综合评价等级划分方法 [J]．中国水运，2011，11（10）：90－92.

[25] 王士军，谷艳昌，葛从兵．大坝安全监测系统评价体系 [J]．水利水运工程学报，2019（4）：63－67.

[26] 曹文波，刘顶明，肖兰．大坝安全监测系统综合评价方法研究初探 [J]．水利与建筑工程学报，2009，7（3）：155－158.

[27] 刘贝贝，郑付刚，张岚．棉花滩大坝水平位移监控指标的拟定 [J]．红水河，2003，28（5）：97－102.

[28] 金怡，赵二峰，刘贝贝．大坝水平位移监控指标的拟定研究 [J]．三峡大学学报（自然科学版），2009，31（5）：11－14.

[29] 汤丽慧．碾压混凝土坝安全监控指标的拟定方法研究 [D]．南京：河海大学，2008.

[30] 聂俊．基于遗传算法的混凝土拱坝安全监控模型的研究与应用 [D]．武汉：长江科学院，2011.

[31] 文锋．混凝土拱坝位移监控模型及监控指标研究 [D]．武汉：长江科学院，2008.

[32] 吴中如，卢有清．利用原型观测资料反馈大坝的安全监控指标 [J]．河海大学学报，1989，6（17）：29－35.

[33] 吴中如，顾冲时，沈振中．大坝安全综合分析和评价的理论、方法及应用 [J]．水利水电科技进展，1998，18（3）：2－6.

[34] 顾冲时，吴中如，阳武．用结构分析法拟定大坝变形二级监控指标 [J]．大坝监测与土工测试，1999（1）：162－166.

[35] 顾冲时，吴中如，阳武．用结构分析法拟定混凝土坝变形三级监控指标 [J]．河海大学学报（自然科学版），2000，5（28）：7－10.

[36] 顾冲时，吴中如．大坝与坝基安全监控理论和方法及其应用 [M]．北京：高等教育出版社，2003.

[37] 蔡德文，冯宇强．基于典型小概率法大坝变形监控指标拟定 [J]．吉林水利，2014（10）：7－8，33.

[38] 叶琴．古田溪一级大坝水平位移监控指标的拟定 [J]．水利科技与经济，2007，13（11）：787－789.

[39] 郑东健，郭海庆，顾冲时，等．古田溪一级大坝水平位移监控指标的拟定［J］．水电能源科学，2000（1）：16－18．

[40] 金秋，刘贝贝，张磊．古田溪大坝典型坝段水平位移监控指标的拟定［J］．人民黄河，2010，32（2）：122－123．

[41] 李磊．混凝土坝变形过程及监控指标研究［J］．水利科技与经济，2015，21（11）：106－107．

[42] 雷鹏，常晓林，肖峰，等．高混凝土坝空间变形预警指标研究［J］．中国科学：技术科学，2011，41（7）：992－999．

[43] 包腾飞，郑东健，郭海庆．新安江大坝典型坝段坝顶水平位移监控指标的拟定［J］．水利水电技术，2003，34（3）：46－49．

[44] 周稳忠，谷艳昌，黄海兵，等．基于改进典型小概率法的大坝变形安全监控指标拟定［J］．人民珠江，2020，41（6）：39－43．

[45] 孙学智．混凝土重力坝监测效应量数学模型及变形监控指标研究［D］．南京：河海大学，2002．

[46] LEI P，CHANG X L，XIAO F，et al. Study on early warning index of spatial deformation for high concrete dam ［J］. Sci China Tech Sci，2011，54：1607－1614．

[47] 丛培江，顾冲时，谷艳昌．大坝安全监控指标拟定的最大熵法［J］．武汉大学学报（信息科学版），2008，33（11）：1126－1129．

[48] 谷明晗．混凝土坝变位性能演化状态识别与监控方法研究［D］．南昌：南昌大学，2018．

[49] 俞进萍，段亚辉，艾立双．基于强度储备法的混凝土坝位移监控指标研究［J］．长江科学院院报，2014，31（12）：49－53．

[50] 沈振中，马明，涂晓霞．基于非连续变形分析的重力坝变形预警指标［J］．水利学报，2007（增刊）：94－99．

[51] 朱济祥．李家坝高拱坝安全监控模型与监控指标研究［D］．天津：天津大学，2007．

[52] 刘健，练继建，朱济祥．李家峡拱坝二级安全监控指标研究［J］．水力发电学报，2005，24（4）：94－98．

[53] 刘健，王广月，程森．李家峡拱坝变形三级安全监控指标的拟定［J］．山东大学学报（工学版），2005，35（2）：107－110．

[54] 刘必秀，李步娟，张晓林．丹江口大坝31号坝段变形监控指标的探讨［J］．人民长江，1994，25（5）：24－29．

[55] SU H，YAN X，LIU H，et al. Integrated multi－level control value and variation trend early－warning approach for deformation safety of arch dam ［J］. Water Resource Manage，2017，31：2025－2045．

[56] 龙三文．应用动力有限元拟定土坝抗震安全监控指标［J］．小水电，2014（4）：6－10．

[57] 吴相豪，刘俊汝．基于安全系数法拟定面板堆石坝变形监控指标［J］．中国安全科学学报，2020，30（2）：127－132．

[58] 雷鹏，肖峰，苏怀智．考虑区间影响因素的混凝土坝变形监控指标研究［J］．水利水电技术，2011，42（6）：91－93．

[59] 谷艳昌，何鲜峰，郑东健．基于蒙特卡罗方法的高拱坝变形监控指标拟定［J］．水利水运工程学报，2008（1）：14－19．

[60] 虞鸿，李波，蒋裕丰．基于威布分布的大坝变形监控指标研究［J］．水力发电，2009，35（6）：90－93．

[61] 孙鹏明，杨建慧，杨启功，等．大坝空间变形监控指标的拟定［J］．水利水运工程学报，2016（6）：16－22．

[62] 黄勇．基于融合权重-POT的拱坝变形监控模型［J］．人民黄河，2018，40（1）：145－149．

[63] 张云龙，王文明．PPA－CM模型在双曲混凝土拱坝变形监控指标拟定中的应用［J］．水电能源科

学，2016，34（4）：43-46.

[64] 罗倩钰，杨杰，程琳，等．混凝土坝运行初期安全监控指标拟定方法研究 [J]．水利与建筑工程学报，2017，15（2）：32-36.

[65] 郭海庆，吴相豪，吴中如，等．应用两场耦合的粘弹性有限元拟定碾压混凝土坝的变形监控指标 [J]．工程力学，2001（增刊）：852-856.

[66] 吴相豪，吴中如．碾压混凝土坝变形一级监控指标的拟定方法 [J]．水利水电技术，2004，35（9）：136-138.

[67] 吴相豪．探讨碾压混凝土坝变形二级监控指标的拟定方法 [J]．水电能源科学，2005，23（5）：64-66.

[68] 陈龙．碾压混凝土坝空间渐变力学特性及安全监控模型研究 [D]．南京：河海大学，2006.

[69] 蒋清华，马福恒，刘成栋．碗窑碾压混凝土坝变形成因分析及监控指标的拟定 [J]．中国安全科学学报，2007，17（4）：172-176.

[70] 肖磊，万智勇，黄耀英，等．基于最大熵和云模型的 RCC 坝变形监控指标拟定 [J]．水利水运工程学报，2018（4）：24-29.

[71] HUANG Y，WAN Z. Study on Viscoelastic deformation monitoring index of an RCC gravity dam in an alpine region using orthogonal test design [J]．Mathematical Problems in Engineering，2018，Article ID 8743505：12.

[72] 王开拓，赵文亮，王银涛．碾压混凝土拱坝多测点变形监控指标研究 [J]．甘肃科技纵横，2019，48（11）：36-39.

第 2 章　大坝安全监测系统综合评价

开展大坝安全监测系统综合评价工作，是大坝定期检查项目之一。本章以现行技术规范为执行标准，阐述了大坝安全监测系统评价体系、评价标准，介绍了常见的大坝安全监测系统评价方法，为大坝安全监测系统综合评价的具体实践提供了参考性建议。

2.1　大坝安全监测系统评价体系

《大坝安全监测系统鉴定技术规范》（SL 766—2018）[1]规定了大坝安全监测系统鉴定内容，包括变形、渗流、应力应变及温度、环境量、强震等监测设施可靠性及完备性评价、监测设施运行维护评价和监测自动化系统评价。总则部分明确了大坝安全监测系统应定期进行鉴定，即系统竣工验收后或投入使用后 3 年内应进行首次鉴定，之后应根据监测系统运行情况每间隔 3～5 年或必要时进行鉴定。关于大坝安全监测系统鉴定结论，通常分为正常、基本正常和不正常三个等级。评价或鉴定后，具体应对措施为：①鉴定为正常的监测系统应继续运行；②鉴定为基本正常的，可继续运行，宜及时修复完善；③鉴定为不正常的，应及时更新改造。

监测系统综合评价包括监测设施可靠性评价、监测设施完备性评价、监测设施运行维护评价、自动化系统评价，如无自动化系统，则不纳入鉴定评价体系。监测系统鉴定评价体系重点强调监测设施的完备性，只要监测设施可靠完备，可通过人工观测获取数据，也能达到大坝安全监控的目的。评价体系中只有监测设施运行维护评价为优良，监测系统才能鉴定为正常，体现了监测设施维护的重要性。

上述描述中涉及的监测设施是指监测仪器及其辅助设施，如保护装置、观测房、观测便道等；自动化系统是指监测数据自动采集、传输、存储、处理的装置和软件的统称。监测系统综合评价框架见图 2.1[2]。

2.1.1　监测设施可靠性评价

监测设施可靠性是大坝安全监测系统评价的基础，包括监测设施考证资料评价、现场检查与测试评价和历史测值评价。监测设施可靠性评价以测点为单元进行评价。对于多测点监测装置，如视准线装置、引张线装置等，可基于对各个测点装置单独进行评价基础上，根据实际工程特点及测点布置进行评价。需要注意的是，只有监测设施评价为可靠或基本可靠，才可列为监测设施完备性评价的测点体系。监测设施可靠性综合评价结论如下：

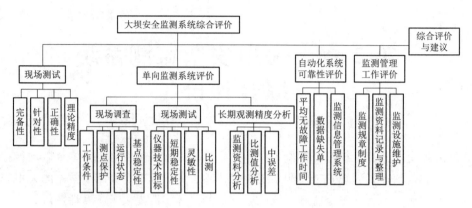

图 2.1　大坝安全监测系统综合评价基本指标体系

（1）监测设施考证资料评价和历史测值评价结果为可靠或基本可靠，现场检查与测试评价结果为可靠，综合评价为可靠。

（2）监测设施考证资料评价和历史测值评价结果为可靠或基本可靠，现场检查与测试评价结果为基本可靠，综合评价为基本可靠。

（3）监测设施考证资料评价、历史测值评价、现场检查与测试评价结果中一项为不可靠，综合评价为不可靠。

在上述工作基础上，针对不同的鉴定结论，采取相应的措施，分别为：

（1）可靠的监测设施应继续进行监测。

（2）鉴定基本可靠的监测设施可继续监测，应在分析的基础上进一步评价其可靠性。

（3）鉴定不可靠的监测设施应按《大坝安全监测仪器报废标准》（SL 621—2013）规定停测、封存或报废。

1. 监测设施考证资料评价

监测设施考证资料评价包括资料完整性、监测仪器选型适应性和监测设施安装正确性。监测设施考证资料包括仪器出厂检验测试资料或第三方检测测试资料，《大坝安全监测仪器检验测试规程》（SL 53—2012）规定，静态特性参数包括分辨率、非线性度、不重复度、滞后和综合误差。考证资料是数据计算与分析的基础；不同的工作条件环境，对监测仪器的性能指标要求是不同的，监测仪器选型和技术性能指标必须适应其所处的工作条件环境，如环境温度界限、荷载作用等。否则，不仅监测仪器的使用寿命缩短，而且所测量值可能不准确；技术性能指标应满足被测工程物理量监测要求。监测仪器安装应避免对工程结构的损伤，满足相关规范和设计要求，监测成果能反映被监测部位的特性。

2. 现场检查与测试评价

现场检查和测试是评价已安装运行的监测仪器可靠性的重要手段，各类监测仪器现场检查和测试内容及评价标准各不相同。现场检查与测试应包括监测设施的外观、标识、线缆及连接、工作状态、运行环境和观测条件等。现场测试仪器仪表与被测监测仪器应适配，应经检定/校准合格并在有效期内，且工作正常。监测设施现场检查与测试评价结果分为可靠、基本可靠、不可靠。变形、渗流、应力应变及温度、环境量、强震等各类监测设施检查和测试内容、方法及评价标准见《大坝安全监测系统鉴定技术规范》（SL 766—2018）[1]。

3. 历史测值评价

历史测值评价是采用历史监测资料对监测仪器可靠性评价的一种有效方法，通常以过程线分析为主，可结合相关性图、空间分布图、特征值分析等方法分析数据变化规律，对监测设施可靠性进行评价。通过过程线分析，可以判断变形量、渗流（扬）压力、渗流量、应力、应变、温度及水位等物理量随时间变化的规律及其与相应环境量之间的关系。当监测的物理量测值存在异常时，应对仪器测读值进行分析评价。仪器测读值评价宜根据仪器工作特性及测读值变化情况判定数据可靠性。

历史测值评价宜采用测值合理性与规律性分析的方法，评价标准应符合下列规定：

（1）数据变化合理，过程线呈规律性变化，无系统误差或虽有系统误差但能够排除，评价为可靠。

（2）数据变化基本合理，过程线能呈现出明确的规律，仪器可能存在系统误差但可修正，评价为基本可靠。

（3）数据变化不合理，过程线无规律或系统误差频现，难以处理修正，测值无法分析和利用，评价为不可靠。

2.1.2 监测设施完备性评价

监测设施完备性是基于安全监测设施的监测项目评价为可靠（或基本可靠）为前提，再进一步分析监测项目及测点布设能否满足监控大坝现状及未来安全的需要。即监测项目合理性评价基于现状鉴定为可靠或基本可靠的监测设施，考量反映工程运行安全性态关键参数的重要监测项目是否全面，监测项目中现存基本可靠测点的空间布局，能否全面覆盖监测范围，能否监控重点部位、兼顾一般部位，以及关联监测项目是否相互匹配，重要监测项目是否有适当的冗余等。

监测设施完备性的评价标准主要有：①重要监测项目无缺项，重要监测项目和一般监测项目布置均合理，安全监测设施完备；②重要监测项目缺项，或重要监测项目虽不缺项但其布置不合理，安全监测不完备；③其他情形，安全监测基本完备。

土石坝监测设施布置合理性评价项目包括环境量监测、变形监测、渗流监测、应力应变及温度监测、地震反应监测等。

（1）环境量监测内容包括上、下游水位、降水量、气温、库水温、大气压力、坝前淤积、下游冲刷。

（2）变形监测内容包括坝体表面水平位移、坝体表面垂直位移、坝体（基）内部变形、界面、接（裂）缝及脱空变形、近坝岸坡变形、地下洞室变形。

（3）渗流监测内容包括渗流量、坝体渗流压力、坝基渗流压力、绕坝渗流、近坝岸坡渗流、地下洞室渗流。

（4）应力应变及温度监测内容包括孔隙水压力、土压力、应力应变及温度。

（5）地震反应监测内容包括地震动加速度（结构反应台阵）、地震动加速度（场地效应反应台阵）、动孔隙水压力/动位移。

混凝土坝监测设施布置合理性评价项目包括环境量监测、变形监测、渗流监测、应力应变及温度监测、地震反应监测等。

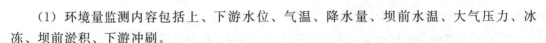

（1）环境量监测内容包括上、下游水位、气温、降水量、坝前水温、大气压力、冰冻、坝前淤积、下游冲刷。

（2）变形监测内容包括坝体表面位移、坝体内部位移、倾斜、接缝变形、裂缝变形、坝基位移、近坝岸坡变形、地下洞室变形。

（3）渗流监测内容包括渗流量、扬压力、坝体渗透压力、绕坝渗流、近坝岸坡渗流、地下洞室渗流、水质分析。

（4）应力应变及温度监测内容包括应力、应变、混凝土温度、坝基温度。

（5）地震反应监测内容包括地震动加速度（结构反应台阵）、地震动加速度（场地效应反应台阵）、动水压力。

大坝安全监测设施完备性评价时，应确定被鉴定的监测系统的重要监测项目和一般监测项目。在大坝进入运行期，应根据工程运行的实际情况和安全监控的需求，调整监测系统原有的监测项目或其重要性。在确定重要监测项目时，宜结合工程地形地质条件、环境条件、结构特点、运行方式、施工及运行状况、工程运用需要等情况，分析大坝在当前和后续阶段运行中面临的工程安全隐患和风险，确定针对不同破坏模式发生、发展的监控关键参数。如坝体坝基土石结构和混凝土结构接触带渗流、坝体坝基内泄水建筑接缝裂缝、混凝土重力坝基础扬压力、拱坝坝肩变形等。对于运行中出现的危害性裂缝、失稳、渗漏等现象，应作为当前和后续阶段运行安全监控的重要监测项目。此外，因工程运行环境及性态变化，也可能需要增加某些监测项目，重要监测项目可能降级为一般监测项目，一般监测项目可能升级为重要监测项目。例如，土石坝的重要监测项目至少应包括上游水位、降水量、表面变形、渗流量和渗流压力，混凝土坝的重要监测项目至少应包括上游水位、气温、表面变形、渗流量和扬压力。

2.1.3　监测设施运行维护评价

监测设施运行维护是保障大坝安全监测系统持续可靠运行的重要保证，监测设施运行维护评价内容包括运行管理、观测与维护以及资料整编分析，评价标准应符合下列规定：

（1）运行管理评价为基本合格以上，观测与维护评价为合格，资料整编评价基本合格以上，运行维护评价为合格。

（2）运行管理评价为不合格、或观测与维护评价为不合格、或资料整编评价为不合格，运行维护评价为不合格。

（3）其他情形，运行维护评价为基本合格。

2.1.3.1　监测设施运行管理评价

监测设施运行管理评价内容应包括监测规章制度、专业监测人员配置及其岗位责任制的评价，评价标准应符合下列规定：

（1）监测规章制度、专业监测人员配置、岗位责任制三项均合格，运行管理评价为合格。

（2）监测规章制度、专业监测人员配置、岗位责任制中任一项不合格，运行管理评价为不合格。

（3）其他情形，运行管理评价为基本合格。

1. 监测规章制度评价

监测规章制度评价应覆盖巡视检查、观测内容、方法和要求、资料整编、观测设备检验使用管理与维护规定。根据其完整性与合理性，评价标准应符合下列规定：

（1）规章制度覆盖全面、内容具体合理、针对性和操作性强，评价为合格。

（2）规章制度覆盖不全或存在明显缺陷、或不符合国家（行业）相关规定、或针对性和操作性不强，评价为不合格。

（3）其他情形，评价为基本合格。

2. 专业监测人员配置评价

专业监测人员配置评价应包括观测人员数量、能力、专业配置的评价，评价标准应符合下列规定：

（1）人员数量满足安全监测工作需要、专业配置合理、人员具备相应能力，评价为合格。

（2）人员数量不满足安全监测工作需要，或专业配置不合理、或人员不具备相应能力，评价为不合格。

（3）其他情形，评价为基本合格。

3. 岗位责任制评价

岗位责任制评价应包括岗位职责分工及责任、从业人员业务素质、工作流程、考核目标，评价标准应符合下列规定：

（1）分工责任明确、从业人员素质要求合理、工作流程合适、考核目标明确，评价为合格。

（2）分工责任不明确、或从业人员素质要求不合理、或工作流程不合适、或考核目标不明确，评价为不合格。

（3）其他情形，评价为基本合格。

2.1.3.2　监测设施观测与维护评价

观测与维护评价内容应包括观测评价和维护评价，评价标准应符合下列规定：

（1）观测与维护两项均合格，观测与维护评价为合格。

（2）观测与维护任一项不合格，观测与维护评价为不合格。

（3）其他情形，观测与维护评价为基本合格。

1. 观测评价

观测评价内容应包括观测频次、观测可溯源性，观测评价标准应符合下列规定：

（1）测量频次、观测可溯源性两项均合格，评价为合格。

（2）测量频次、观测可溯源性中任一项不合格，评价为不合格。

（3）其他情形，评价为基本合格。

观测成果可溯源性评价内容应包括原始记录、观测方法、计算参数与公式、基准值、观测人员签字、仪器仪表检定信息完整性，评价标准应符合下列规定：

（1）评价内容可全部可溯源，评价为合格。

（2）评价要素缺原始记录或计算参数或基准值，评价为不合格。

（3）其他情形，评价为基本合格。

2. 维护评价

维护评价范围应包括监测设施和测量仪器两部分。维护评价内容包括维护措施有效性、维护工作时效性、易损件的备品备件齐全性。评价标准应符合下列规定：

（1）维护措施有效性、设施维护时效性、备品备件齐全性三项中，两项合格、剩余一项基本合格以上，评价为合格。

（2）维护措施不合格或设施维护时效性和备品备件齐全性均不合格时，评价为不合格。

（3）其他情形，评价为基本合格。

2.1.3.3　监测设施资料整理评价

资料整理评价应包括监测设施档案资料、监测资料整编和初步分析成果的评价。评价标准应符合下列规定：

（1）监测设施档案资料、监测资料整编、初步分析全部合格，资料整理评价为合格。

（2）监测设施档案资料或监测资料整编或初步分析不合格，资料整理评价为不合格。

（3）其他情形，资料整理评价为基本合格。

1. 监测设施档案资料评价

监测设施档案资料评价应包括监测数据、巡视检查数据、监测设施出厂说明书及合格证、埋设安装考证资料、监测设施更换、检查维护等资料的评价。评价标准应符合下列规定：

（1）监测设施档案资料完整齐全，评价为合格。

（2）监测数据、巡视检查数据、埋设安装考证资料、监测设施更换任一项缺失，评价为不合格。

（3）其他情形，评价为基本合格。

2. 监测资料整编评价

监测资料整编评价应包括监测数据可靠性甄别、电测物理量换算工程物理量公式与方法、统计表、过程线以及巡视检查资料整理的评价。评价标准应符合下列规定：

（1）监测资料整编完整齐全，评价为合格。

（2）监测数据未进行可靠性甄别或电测物理量换算工程物理量公式与方法不准确，评价为不合格。

（3）其他情形，评价为基本合格。

3. 监测资料初步分析成果评价

监测资料初步分析成果评价应包括分析评价结论、存在的问题及改进建议评价。评价标准应符合下列规定：

（1）监测数据分析评价结论与存在问题准确、改进建议合理，评价为合格。

（2）监测数据分析评价结论或存在的问题不准确，评价为不合格。

（3）其他情形，评价为基本合格。

2.1.4 自动化系统评价

随着技术发展，一些大中型水库大坝安全监测配有自动化系统，作为大坝安全监测系统的重要组成，自动化系统的评价内容与监测设施可靠性评价明显不同，其评价内容包括数据采集装置、计算机及通信设施、信息采集与管理软件、运行条件、运行维护等，评价标准应符合下列规定：

（1）数据采集装置、计算机与通信设施、信息采集与管理软件、运行条件均为合格，运行维护为基本合格以上，自动化系统评价为合格。

（2）数据采集装置、信息采集与管理软件均为基本合格以上，计算机与通信设施为合格，运行条件为基本合格，自动化系统评价为基本合格。

（3）其他情形，自动化系统评价为不合格。

2.1.4.1 数据采集装置评价

数据采集装置评价内容应包括功能、平均无故障时间、数据采集缺失率、测量准确度。功能评价应符合下列规定：

（1）具备巡测、选测、定时测量、通信、数据存储、掉电保护、防雷、抗干扰、防潮等主要功能和自检、自诊断、人工测量接口、防腐蚀等次要功能，评价为合格。

（2）具备主要功能，缺少次要功能，评价为基本合格。

（3）缺少主要功能，评价为不合格。

2.1.4.2 计算机及通信设施评价

计算机及通信设施评价内容应包括运行状态、掉电保护、平均无故障时间。

运行状态评价宜采用现场检查方法，测试计算机及通信设施能否正常运行。

掉电保护评价宜采用现场检查方法，测试计算机的不间断电源能否正常运行。

平均无故障时间评价宜根据维护记录，统计计算机及通信设施的正常工作时间和出现故障次数。

计算机及通信设施评价应符合下列规定：

（1）运行状态、掉电保护、评价无故障时间均为合格，评价为合格。

（2）其他情形，评价为不合格。

2.1.4.3 信息采集与管理软件评价

信息采集与管理软件评价内容应包括功能完备性、功能正确性和可操作性。

功能完备性评价宜通过查阅软件说明书、用户手册等资料，并运行信息采集与管理软件，检查其是否具备相关功能。

功能正确性评价宜通过运行信息采集与管理软件，检查其输出结果是否存在错误。

可操作性评价宜通过运行信息采集与管理软件，采用随机选择、任意输入方式，操作各项功能，检查各项功能是否能正常使用。

信息采集与管理软件评价应符合下列规定：

（1）功能完备性为基本合格以上，功能正确性、可操作性均为合格，信息采集与管理软件评价为合格。

（2）功能完备性为基本合格以上，功能正确性、可操作性均为基本合格以上且不同时为合格，信息采集与管理软件评价为基本合格。

（3）其他情形，评价为不合格。

2.1.4.4　运行条件评价

运行条件评价内容应包括温度与湿度、工作电源、电源防雷和接地网。温度与湿度评价宜通过查阅当地气象资料，检查温度与湿度保障设备性能是否满足要求。工作电源评价宜采用现场检测工作电源及其频率方法；电源采用防雷措施且运行正常，抗瞬态浪涌能力满足。防雷电感应为 $500\sim1500W$，瞬态电位差小于 $1000V$。接地网评价宜采用现场测量接地电阻方法，测站接地电阻不大于 10Ω，监测中心站接地电阻不大于 4Ω。

运行条件评价应符合下列规定：

（1）温度与湿度、工作电源、电源防雷、接地网均为合格，运行条件评价为合格。

（2）温度与湿度为不合格，工作电压、电源防雷、接地网均为合格，运行条件评价为基本合格。

（3）其他情形，评价为不合格。

2.1.4.5　运行维护评价

运行维护评价内容应包括数据备份、时钟校正、比测、备品备件、设备检查和维护，评价标准应符合下列规定：

（1）数据备份、时钟校正、比测、备品备件、设备检查和维护均为合格，运行维护评价为合格。

（2）数据备份、设备检查和维护均为合格，时钟校正、比测、备品备件中有不合格项，运行维护评价为基本合格。

（3）其他情形，评价为不合格。

2.2　大坝安全监测系统评价标准

监测系统综合评价包括监测系统设计评价、单项监测系统评价、自动化监测系统可靠性评价以及监测管理工作评价等 4 个一级评价指标，每个一级评价指标又分别包括若干个二级和三级评价指标。评价标准是衡量大坝安全监测系统各单项评价指标状态的直接依据，除相关规程、规范对部分评价指标的控制标准作出了规定外，大部分评价指标依然缺乏明确的评价标准。图 2.2 为监测系统评价指标体系。

2.2.1　监测系统设计评价

监测系统设计评价也称为监测布置评价。依据现行的相关监测技术规范，何金平等[3]提出了监测项目的完备性、监测项目的针对性、监测方法的正确性和监测方法的理论精度 4 个参考性的二级单项定性评价标准。监测项目的完备性指是否按照相关的监测技术规范设置了相应的监测项目、测点布置是否合理、是否涵盖了大坝的关键性监测部位

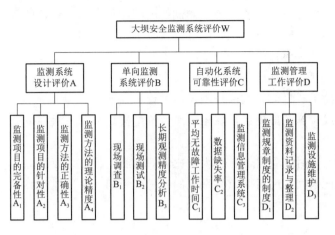

图 2.2　大坝安全监测系统评价指标体系层次结构图

等。监测项目的针对性指是否针对大坝的特殊问题进行了专门的监测等。监测方法的正确性指所采用的监测方法是否符合规范的要求等。监测方法的理论精度指各监测项目的理论观测精度是否满足规范要求、所选用的监测仪器是否先进等。

2.2.2　单向监测系统评价

单向监测系统评价主要包括现场调查、现场测试、长期观测精度分析。

2.2.2.1　现场调查

现场调查的主要目的是考察监测设施的工作环境是否满足规范要求，运行状态是否良好。依据现行的相关监测技术规范，何金平等[3]提出测点工作条件、测点保护状况、监测设施的运行状况和基点的稳定性 4 个参考性的二级单项定性评价标准。

测点工作条件指测点的工作环境是否良好，周围是否存在干扰正常观测的建筑物或其他设施，是否存在强烈振动冲击源或强磁场等。

测点保护状况指测点及观测设施是否进行了有效的保护、是否有危及测点安全的不稳定物体、测点标志和保护警示是否完整和醒目等。

监测设施的运行状况指监测设施各部件是否完好、主要构件是否存在锈蚀或破损或缺件等、监测仪器的活动部件是否灵活、固定部件是否牢固、动力设施是否正常等。

基点的稳定性指工作基点和校核基点是否位于牢固可靠的相对不动点、工作环境及保护状态是否良好、是否按照规范的要求进行了定期校验等。

2.2.2.2　现场测试

现场测试的主要目的是通过对监测仪器或设施主要技术性能的现场测试，判定监测仪器或设施的工作状态和观测精度。现场测试假定大坝各监测效应量基本不变。观测精度通常采用精密度、准确度和精确度来表示，据此结合监测系统的实际情况，确定现场测试主要包括监测仪器技术指标测试、短期稳定性测试、灵敏性测试和比测测试针 4 个三级单项评价指标。

监测仪器技术指标测试的主要目的是评价监测仪器的准确度，属于定量评价指标。不同监测仪器的技术指标不尽相同，现场测试的内容应根据不同仪器的具体情况确定，其评价标准为各相应的技术标准（规范）中对仪器技术指标的控制值。

短期稳定性测试主要针对自动化监测系统，主要目的是测试监测系统的精密度和运行稳定性，属于定量评价指标。

灵敏性测试的主要目的是判断监测仪器或设施是否能灵敏地反映监测效应量的变化，可评价监测仪器或设施的准确度，属于定量评价指标，测试方法根据监测仪器或设施的类型不同而不同。

比测测试针对同时具有自动化和人工比测的监测项目，主要目的是从不同观测方法比测测值的吻合程度来间接地反映监测系统的精确度和相互验证监测系统的工作状态，属于定量评价指标。

2.2.2.3　长期观测精度分析

长期观测资料所反映出的观测精度是评价监测系统工作状态最主要的指标，包括资料分析、比测值分析、中误差 3 个三级单项评价指标。

长期监测资料分析属于定性评价指标，何金平等[3]提出参考性定性评价标准：过程线是否光滑平稳，或存在明显的锯齿状；是否存在因监测系统本身的原因或因观测精度原因而引起的明显尖点或突变等异常测值；实测资料是否良好地反映了监测效应量的实际变化情况，所反映出的规律性是否符合基本物理力学关系。监测资料中出现异常测值，既可能是监测系统变异或观测误差引起的，也可能是大坝结构或地基发生变异引起的。因此，在利用长期观测资料对监测系统进行评价时，必须明确区分异常测值的成因。

长期比测值分析属于定性评价指标。对同时具有自动化观测和人工观测的监测项目，若自动化观测和人工观测的基准是一致的，则自动化观测和人工观测成果应该是吻合的或基本吻合的。当自动化观测和人工观测长期测值规律性良好、比测值吻合程度较高时，可认为自动化观测系统和人工观测系统观测精度均良好。当自动化观测和人工观测长期测值规律性较好、比测值基本吻合时，可认为自动化观测系统和人工观测系统观测精度均合格。当自动化观测和人工观测长期比测值存在分离时，可认为比测值不合格。其中，出现严重分离时，可认为比测值状态"很差"。对出现比测值分离的情况，应分析造成比测值分离的原因，并结合自动化观测和人工观测长期测值的规律性，进一步判断是自动化观测系统存在问题，还是人工观测系统存在问题，或者两者均存在问题。

中误差是观测值真误差的平方的算术平均值的平方根，是衡量变形观测精度的主要指标之一，属于定量评价指标。中误差的基本计算公式为贝塞尔公式，但是，对大坝变形监测资料，特别是存在突变或趋势性变化的监测资料，不宜直接采用贝塞尔公式，而应通过建立变形监测数学模型，将模型拟合值作为"真值"、将实测值与拟合值之差作为"真误差"来计算变形监测测值序列的中误差。

2.2.3　自动化监测系统可靠性评价

自动化监测系统可靠性评价主要包括平均无故障工作时间、数据缺失率和监测信息管理系统 3 个三级单项评价指标。

平均无故障工作时间是指 2 次相邻故障间的正常工作时间（短时间可恢复的故障不计），是评价设备可靠性的重要指标，属于定量评价指标。根据文献［1］的规定，系统平均无故障工作时间应大于 6300h。因此，可采用 6300h 作为平均无故障工作时间的评价标准。

数据缺失率是监测资料完整性的一种考核指标，是指考核期内未能正常采集的数据个数与应测数据个数之比，属于定量评价指标。根据文献［1］的规定，自动监测系统数据缺失率应不大于 3%。因此，采用 3% 作为自动监测系统数据缺失率的评价标准。

监测信息管理系统属于定性评价指标，可以将监测信息管理系统是否满足大坝安全监测的日常管理需要、是否满足大坝安全评价和安全监控的需要和是否满足大坝安全监测信息安全的需要作为评价标准[3]。

2.2.4 监测管理工作评价

监测管理工作主要包括规章制度、资料记录与整理和监测设施及监测仪器维护 3 个参考性的二级单项定性评价标准，不再赘述。

2.3 大坝安全监测系统评价方法

大坝安全监测系统包含多种定性与定量指标，因此对其评价要选择合理恰当的方法。常用的大坝安全监测系统综合评价方法有物元可拓模型、模糊综合评价法、灰色关联度理论、多因素综合评判理论和专家评价法。

2.3.1 物元可拓模型

物元分析是蔡文在 1983 年提出的求解不相容问题的一种方法。物元分析以研究促进事物转化，解决不相容问题为核心内容。通俗地说，它是研究人们"出点子、想办法"的规律的学科。它的理论框架由研究物元及其变化的物元理论和建立在可拓集合基础上的数学工具两个部分组成。物元分析作为专门研究如何求解不相容问题的学问，与思维科学，特别是与创造思维学有着密切的联系。

物元分析法首先要确定要分析的对象，然后确定分析对象的条件、范畴、目的等；其次，确立对该对象进行分析的评价体系；最后利用物元理论，建立待评物元矩阵，然后建立经典域和节域，通过计算出被评物元与评价指标的关联度，并由此得到评价的结果。

在物元分析法中，物元是以有序三元组 $R = (N, C, X)$ 来作为描述事物的基本元。其中，N 是给定事物的名称，C 是事物的特征，X 是关于事物的特征的量值，同时把事物的名称、特征和量值称为物元三元素。从数学的观点出发，N、C 和 X 这三者体现了一种函数关系，X 可由 N 和 C 确定，即 $X = C(N)$，所以有序三元组可以表示为 $R = [N, C, C(N)]$。如果事物 N 具有 n 个特征 C_1，C_2，$\cdots$，C_n 及其相对应的量值 X_1，X_2，$\cdots$，X_n，那么事物 N 则可以表示为

$$R = \begin{bmatrix} N & C_1 & X_1 \\ & C_2 & X_2 \\ & \vdots & \vdots \\ & C_n & X_n \end{bmatrix} = \begin{bmatrix} R_1 \\ R_2 \\ \vdots \\ R_n \end{bmatrix} \tag{2.1}$$

此时，称 R 为 n 维物元，可记为

$$R = (N, C, X), \quad C = \begin{bmatrix} C_1 \\ C_2 \\ \vdots \\ C_n \end{bmatrix}, \quad X = \begin{bmatrix} X_1 \\ X_2 \\ \vdots \\ X_n \end{bmatrix}$$

R 的分物元为 $R_i = (N, C_i, X_i) \ (i = 1, 2, \cdots, n)$，可记为

$$R = [N, (C_1, X_1), (C_2, X_2), \cdots, (C_n, X_n)] = (R_1, R_2, \cdots, R_n)$$

物元分析法的计算步骤如下所述。

1. 建立物元矩阵

根据事物特征选取多个特征量实测值，建立相应物元矩阵，可以表示为

$$R_0 = \begin{bmatrix} R_1 \\ R_2 \\ \vdots \\ R_n \end{bmatrix} = \begin{bmatrix} P_0 & C_1 & X_1 \\ & C_2 & X_2 \\ & \vdots & \vdots \\ & C_n & X_n \end{bmatrix} \tag{2.2}$$

式中：R 为 n 维物元；R_i 为 R 的分物元；P_0 为待评单元；C_i 为待评单元的第 i 项特征 $(i = 1, 2, \cdots, n)$（评价指标）；X_i 为关于 C 的量值，即对待评单元第 i 项特征进行分析的数据。

2. 经典域与节域物元

经典域物元 R_j 可表示为

$$R_j(N_j, C, X_j) = \begin{bmatrix} N_j & C_1 & X_{j1} \\ & C_2 & X_{j2} \\ & \vdots & \vdots \\ & C_n & X_{jn} \end{bmatrix} = \begin{bmatrix} N_j & C_1 & [a_{j1}, b_{j1}] \\ & C_2 & [a_{j2}, b_{j2}] \\ & \vdots & \vdots \\ & C_n & [a_{jn}, b_{jn}] \end{bmatrix} \tag{2.3}$$

式中：$N_j (j = 1, 2, \cdots, m)$ 为标准事物所划分的 j 个评审状况等级，区间 $X_{ji} = [a_{ji}, b_{ji}]$ 为 N_j 关于 C_i 所规定的量值范围，即各评审状况等级关于对应评价指标所取的数据范围一经典域。

节域物元可表示为

$$R_p(N_p, C, X_p) = \begin{bmatrix} N_p & C_1 & X_{p1} \\ & C_2 & X_{p2} \\ & \vdots & \vdots \\ & C_n & X_{pn} \end{bmatrix} = \begin{bmatrix} N_p & C_1 & [a_{p1}, b_{p1}] \\ & C_2 & [a_{p2}, b_{p2}] \\ & \vdots & \vdots \\ & C_n & [a_{pn}, b_{pn}] \end{bmatrix} \tag{2.4}$$

式中：N_p 为评价等级的全体（标准事物 N_j 加上可转化为标准事物组成了节域对象），区

间 $X_{pi}=[a_{pi},b_{pi}]$ 为 N_p 关于 $C_i(i=1,2,\cdots,n)$ 所取的量值范围，称为节域。

3. 关联函数和关联度的计算

关联函数表示当物元的量位取为实轴上一点时，物元符合所要求的取值范围的程度。令有界区间 $X=\langle a,b\rangle$ 的模为 $|X|=|a-b|$。

某一点 x_i 到区间 $X=\langle a,b\rangle$ 的距为

$$\rho(x_i,X)=\left|x_i-\frac{a+b}{2}\right|-\frac{b-a}{2}=\begin{cases}a-x_i,x_i\leqslant\dfrac{a+b}{2}\\[2mm]x_i-b,x_i>\dfrac{a+b}{2}\end{cases}\tag{2.5}$$

由式（2.5）可得某点 x_i 到经典域区间 X_{ji} 和节域区间 X_{pi} 的距分别为

$$\rho(x_i,X_{ji})=\left|x_i-\frac{a_{ji}-b_{ji}}{2}\right|-\frac{b_{ji}-a_{ji}}{2}=\begin{cases}a_{ji}-x_i & x_i\leqslant\dfrac{a_{ji}+b_{ji}}{2}\\[2mm]x_i-b_{ji} & x_i>\dfrac{a_{ji}+b_{ji}}{2}\end{cases}\tag{2.6}$$

$$\rho(x_i,X_{pi})=\left|x_i-\frac{a_{pi}-b_{pi}}{2}\right|-\frac{b_{pi}-a_{pi}}{2}=\begin{cases}a_{pi}-x_i & x_i\leqslant\dfrac{a_{pi}+b_{pi}}{2}\\[2mm]x_i-b_{pi} & x_i>\dfrac{a_{pi}+b_{pi}}{2}\end{cases}\tag{2.7}$$

关联函数 $K(x)$ 表示如下：

$$K_j(x_i)=\begin{cases}\dfrac{-\rho(x_i,X_{ji})}{|a_{ji}-b_{ji}|} & x_i\in X_{ji}\\[4mm]\dfrac{\rho(x_i,X_{ji})}{\rho(x_i,X_{pi})-\rho(x_i,X_{ji})} & x_i\notin X_{ji}\end{cases}\tag{2.8}$$

4. 确定各特征（评价指标）的权重

权重系数是某种数量形式对比、权衡被评价事物总体中诸因素相对重要程度的量值，它是大坝安全综合评价体系中极其重要的一环。

5. 确定待评单元对于各等级 j 的综合关联度

$$K_j(P_0)=\sum_{i=1}^{n}w_iK_j(x_i)\tag{2.9}$$

式中：w_i 为第 i 项特征的权重；$K_j(P_0)$ 为待评单元 P_0 关于第 j 级的综合关联度。

6. 待评单元的等级评定

若 $K_j=\max\{K_j(P_0)\}(j=1,2,\cdots,m)$，则 P_0 的等级为第 j 级。

在综合评价中，采用的评价方法一旦确定，各评价指标因素权重的分配则成为影响评价结果准确性的关键步骤。权值的确定方法很多，总体上可分为主观赋权法和客观赋权法。主观赋权法是指基于决策者的知识经验或偏好，通过按重要性程度对各指标属性进行比较、赋值和计算得出其权重的方法，如组合赋权法，层次分析法，Delphi 法，加权统计法等。客观赋权法是基于各方案评价指标的客观数据的差异而确定各指标的权重的方法，如均方差法、均值法、熵权法、离差最大化法、频率统计法等。

2.3.2　模糊综合评价法

　　模糊综合评价方法是一种基于模糊数学的综合评价方法。模糊数学是查德于 1965 年首先提出的，在随后的若干年发展中，其理论方法日臻完善，并在自然科学、社会科学、工程技术的各个领域都有较多的应用。模糊综合评价法根据模糊数学的隶属度理论把定性评价转化为定量评价，即用模糊数学对受到多种因素制约的事物或对象做出一个总体的评价。它具有结果清晰，系统性强的特点，能较好地解决模糊的、难以量化的问题，适合各种非确定性问题的解决。模糊综合评价法的最显著特点：①以最优的评价因素值为基准，其评价值为 1；其余欠优的评价因素依据欠优的程度得到响应的评价值；②可以依据各类评价因素的特征，确定评价值与评价因素值之间的函数关系（即隶属度函数）。

　　模糊综合评价法适用范围比较广，用于很多领域，可以用于评价定量指标。对于定性指标，此方法更加试用。大坝安全监测系统的评价问题，有众多的影响因素，有很多不能定量的方面。要对大坝安全监测系统信息的综合评价，这就需要一个合适的数学方法。模糊数学理论的出现适当的应对这个问题。模糊综合评判的内容可以分为两步：第一步要单独评判各个指标，然后综合评判所蕴含的全部因素。要进行模糊综合评价，就需要首先确定评价目标的因素集，然后确定其因素子集，最后确定评价集；建立各因素的模糊集合（隶属函数）；构建因素与评价间的模糊关系；确定各因素在模糊评价中所占的权重；按一定的计算方法进行计算得到评价结果。模糊综合评价的步骤过程如图 2.3 所示。

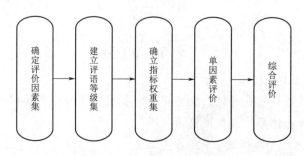

图 2.3　模糊综合评价步骤

　　（1）评价因素集。用集合 U 表示可以对评价目标产生影响的因素集。建立整个安全监测系统的因素集，各影响因素由 u_i 代表。

　　（2）评价集。评价集由 V 表示，是各评价结果的集合，可能出现的各种评价结果由元素 v_i 表示。在考虑所有影响因素的基础上，得出各个评价等级相对应的隶属度，评价结果由最大隶属原则来确定。

　　（3）权重集。对于不同的影响因素来说，其所在评判中被赋有的权重也是不相同的，将因素权重集合 A 代表各权重所组成的集合。权重数 w_i 需要满足非负性条件和归一性条件。当同一因素所制定的权重不同的时候，得到的综合评价结果肯定也是不一样的。制定权重集时一般都会有一定的主观性，但制定出来的权重集一定要基本和实际相同，这样可以提高整个评价的正确性。

（4）单因素评价。单因素模糊评价指的是仅仅对系统中包含的一个因素进行评价。当要评价因素 u_i 时，可以得到隶属函数 r_{ij} ，则评价关系矩阵为

$$
\mathbf{R} = \begin{bmatrix} r_{11} & r_{12} & \cdots & r_{1n} \\ r_{21} & r_{22} & \cdots & r_{2n} \\ \cdots & \cdots & \cdots & \cdots \\ r_{m1} & r_{m2} & \cdots & r_{mn} \end{bmatrix} \tag{2.10}
$$

因素集 U 对于评价集 V 之间的模糊关系称作单因素评价集。u_i 和 v_j 之间隶属关系的程度由 r_{ij} 表示，因此，矩阵 $\mathbf{R}$ 可以视为从 V 到 U 的模糊关系矩阵。

（5）模糊综合评价。模糊综合评价可表示为 $\mathbf{B} = \mathbf{A} \times \mathbf{R}$，$\mathbf{B}$ 代表模糊综合评价集，$\mathbf{A}$ 代表权重集，则可得到

$$
\mathbf{B} = \begin{bmatrix} w_1 & w_2 & \cdots & w_m \end{bmatrix} \begin{bmatrix} r_{11} & r_{12} & \cdots & r_{1n} \\ r_{21} & r_{22} & \cdots & r_{2n} \\ \cdots & \cdots & \cdots & \cdots \\ r_{m1} & r_{m2} & \cdots & r_{mn} \end{bmatrix} = \begin{bmatrix} b_1 & b_2 & \cdots & b_n \end{bmatrix} \tag{2.11}
$$

式中：b_j 代表评价对象对评价集中第 j 个元素的隶属度，如果评价结果隶属度所有求和不为 1，就要对这个综合评价结果进行校正使其归一。

（6）多级模糊综合评价模型。对于复杂系统来说，有很多因素需要考虑完全，这些因素有时还有多层次。对于一个复杂的系统来说，包含相当多的影响因素，有时这些因素不是相互独立的，一个因素会与其他因素产生很多关联，一个的变化会引起其他因素一系列的改变。因此，需要对复杂系统中的因素进行筛选归类，把不同因素放入其所属的类别之中，然后分别对不同的类别进行评价，对其结果再进行总结，一直到最终目标。这种复杂的因素之间组成的系统，当使用多级模糊综合评价时，最终得到的评价结果才是最吻合的。

由最低层从低到高一层层递推，一直到达最高的层次，获得最终的评价结果为多级模糊综合评价。模糊综合评判虽然权重一般情况下带有一定主观性，解决不了各个指标评价信息之间的重复，但是这种方法有效结合了定性方法及定量方法，解决了一些评价指标的模糊问题，这种评价方法更适用于像大坝安全监测系统综合评价这样因素和层次比较多的评价。

2.3.3　灰色关联度理论

灰色系统理论是 20 世纪 80 年代由邓聚龙首先提出并创立的一门新兴学科，它是基于数学理论的系统工程学科。灰色系统理论是现代科学前沿的一门新兴学科，涉及领域广泛，它具有只需少量数据就可作系统分析、模型建立、未来预测、行为决策和过程控制的特点。灰色理论的提出为研究灰色系统提供了新的理论和基本方法，并得到了国内外学术界的广泛关注。近年来的研究表明，灰关联理论无疑是灰色系统中理论最成熟、应用最广泛、最具有活力的部分。

灰色关联分析是对一个系统发展变化态势的定量描述和比较的方法，基本思路是通过参考数列和若干比较数列的几何形状相似的程度来判断其联系是否紧密，它反映了曲线间

的关联度。灰色关联分析方法可在不完全的信息中通过一定的数据处理，在随机的因子序列间找出它们的关联性，明确主要特性和主要影响因子，并分析和确定因子间的影响程度。如果两者在发展过程中的相对变化基本一致，则认为两者关联度存在，反之，则两者关联度就小，也就是说，与参考数列关联度大的比较数列优于与参考数列关联小的比较数列，由于它是按照发展趋势来分析的，所以对样本量的多少未做明确要求，更不需要典型的分布规律。灰色关联分析模型可实现对不同对象基于多项评价指标的综合对比评价，具有评价原理清晰、支持定性指标的特点，其评价结果能充分地体现单项分析比较的结论。

灰色系统理论受到了国内外学者的广泛重视和关注。灰色关联分析运用灰色理论的关联度分析原理，针对某一指标体系对不同评价对象的分析与评价，可实现评价目标的综合对比排名。关联度分析是计算各评价序列与灰色集合标准序列之间的关联程度，通过关联度可以量化地比较各待评价序列的优劣。实现原理如下[4]：关联分析是根据数列的可比性、可近性分析系统内部主要因子之间的相关程度，定量地刻画了系统内部结构之间的联系，是对系统内部各因子之间状态的量化比较分析。多级灰关联度评价步骤为：①构建评价体系；②根据评价因子矩阵指标及映射参照矩阵；③归一化求解关联信息矩阵；④确定因子权重；⑤计算群体评价矩阵；⑥计算整体评价（矩阵）系数；⑦确定评价对象的能力水平。

大坝是由一系列既互相连接又可相对独立工作的水工建筑物（如挡水坝段、泄水坝段、电站坝段，船闸等）构成。为了监控各水工建筑物的安全，一般在各水工建筑物内设置观测设备对物理量进行定点观测。这些定点观测的物理量可分为若干类别，每类中有若干效应量，每种效应量有若干种观测项目，各项目下有一个或多个测点，每个测点的实测数据的情况还可从几个角度来描述。如此，大坝—观测类别—效应量—项目—测点—测值表征量便构成了大坝安全实测性态评价体系中的多层次评价结构体系。

评价体系内除评价集外，每两个相邻上下层之间都具有关联隶属关系，每一级都是其上一级的评价元素，也是其上一级的一个评价分目标，而每一级评价又都是对其下一级评价的综合。

大坝实测性态的多级灰关联评估的思想是：将大坝安全评价体系中每一层待评价元素作为因子，构造符合关联分析的评价矩阵，单个因子的质量评价由关联度反映，相对上一级每个因子评价由下一级相应多个因子的关联度矩阵反映。逐级综合评价后，最终得到大坝实测性态安全状况与目标评价集的隶属度关系，从而分析坝体安全变化趋势的总体评价。下面给出建立大坝实测性态的多级灰色关联评估数学模型的具体步骤。

将因子 t 所对应的下一级 n 个因子的 m 次测试的实测样本矩阵记为

$$\boldsymbol{x}_{m \times n}^{(t)} = \begin{bmatrix} x_1(1) & x_1(2) & \cdots & x_1(n) \\ x_2(1) & x_2(2) & \cdots & x_2(n) \\ \cdots & \vdots & \ddots & \vdots \\ x_m(1) & x_m(2) & \cdots & x_m(n) \end{bmatrix} \tag{2.12}$$

式中：$[x_1(i) \quad x_2(i) \quad \cdots \quad x_m(i)]^{\mathrm{T}}$ 为因子 i。

对应于 n 个因子，可通过实测数据建立其数学模型（如统计模型，确定性模型，混合模型）确定相应的监控标准，从而确定 n 个因子的安全评价标准表（评价集根据实际情况分为 L 个等级）。表 2.1 中元素均代表一个区间。

表 2.1　　　　　　　　　　　　　　因子安全评价标准表

等级	因子 1	因子 2	⋯	因子 n
1 级	$S_1(1)$	$S_1(2)$	⋯	$S_1(n)$
2 级	$S_2(1)$	$S_2(2)$	⋯	$S_2(n)$
⋮	⋮	⋮	⋮	⋮
L 级	$S_L(1)$	$S_L(2)$	⋯	$S_L(n)$

大坝安全实测性态的评价任务是：对于同一层的每个因子，逐一进行它与大坝安全实测性态评价标准的比较分析，说明它隶属于 S 矩阵中哪一安全等级。对同一层次的因子而言，完全存在着对其中某一些因子属于某个安全等级，而另外一些因子属于其他安全等级的情况。无论是沿空间还是沿时间的取样，都是不连续的，样本信息并不完全或充分。要从监测数据中提炼出大多数接近的那类大坝安全等级信息，从某种意义上讲，就需要进行监测样本序列与各级评价标准序列间的关联分析，其中关联性最密切的级别就是所选定的评价的级别，这就是大坝安全实测性态评价的关联分析原理。灰关联评估的概念是：依据灰数列间几何相似的序化分析与关联测度，来量化不同层次中多个序列相对某一级别评价标准序列的关联性。关联度愈高，就说明了该样本序列的隶属关系愈贴近，这就是综合评价的信息和依据。

将实测样本矩阵和评价标准表中的元素进行相应的变换：

$$\begin{cases} S'_j(k) = j & j = (1,2,\cdots,L) \\ x'_j(k) = S'_i(k) & x_j(k) \in s_i(k) \end{cases} \quad j = 1,2,\cdots,M, i = 1,2,\cdots,L \quad (2.13)$$

将变换后形成的实测样本矩阵和评价标准矩阵进行归一化处理：

$$\begin{cases} b_i(k) = \dfrac{s'_L(k) - s'_i(k)}{s'_L(k) - s'_1(k)} & (i = 1,2,\cdots,L; k = 1,2,\cdots,n) \\ a_j(k) = \dfrac{s'_L(k) - x'_j(k)}{s'_L(k) - s'_1(k)} & (j = 1,2,\cdots,m; k = 1,2,\cdots,n) \end{cases} \quad (2.14)$$

记实测样本矩阵归一化后的矩阵为

$$\boldsymbol{A}_{m \times n}^{(t)} \begin{bmatrix} a_1(1) & a_1(2) & \cdots & a_1(n) \\ a_2(1) & a_2(2) & \cdots & a_2(n) \\ \vdots & \vdots & \ddots & \vdots \\ a_m(1) & a_m(2) & \cdots & a_m(n) \end{bmatrix} \quad (2.15)$$

式中：m 为测次。记评价标准矩阵归一化后的矩阵为

$$\boldsymbol{B}_{L \times n}^{(t)} \begin{bmatrix} b_1(1) & b_1(2) & \cdots & b_1(n) \\ b_2(1) & b_2(2) & \cdots & b_2(n) \\ \vdots & \vdots & \ddots & \vdots \\ b_L(1) & b_L(2) & \cdots & b_L(n) \end{bmatrix} \quad (2.16)$$

式中：L 为评价级别。

对多个因子进行综合评价的主要过程为：取第 j 次监测样本向量 $a_j = (a_{j1}, a_{j2}, \cdots, a_{jn})$

为参考序列（母序列），$j=1,2,\cdots,m$；对固定的 j，取 $\boldsymbol{B}$ 矩阵行向量 $b_i=(b_{i1},b_{i2},\cdots,b_{in})(i=1,2,\cdots,L)$ 为子序列，分别计算对应于每个因子（$K=1,2,\cdots,n$）的关联系数 $\varepsilon_{ij}(K)$。

$$\varepsilon_{ij}(K)=\frac{1-\Delta_{ij}(K)}{1+\Delta_{ij}(K)}(i=1,2,\cdots,m;j=1,2,\cdots,n) \tag{2.17}$$

式中：$\Delta_{ij}(K)=|a_j(K)-b_i(K)|$，幂指数 m 为大于 1 的整数，一般取 $m=2\sim4$。

关联系数 $\varepsilon_{ij}(K)$ 的取值为 0～1。对固定的 1，当因子 K 达到 i 级评价标准要求时，则 $\Delta_{ij}(K)=0,\varepsilon_{ij}(K)=1$；当因子未达到 i 级评价标准要求时，与 i 级评价标准相距越远，即接近程度越小，则 $\Delta_{ij}(K)$ 值越大，$\varepsilon_{ij}(K)$ 越小。

第 j 次监测样本向量 a_j 相应的关联系数矩阵为

$$\varepsilon=\begin{bmatrix}\varepsilon_{1j}(1) & \varepsilon_{1j}(2) & \cdots & \varepsilon_{1j}(n)\\ \varepsilon_{2j}(1) & \varepsilon_{2j}(2) & \cdots & \varepsilon_{2j}(n)\\ \vdots & \vdots & \ddots & \vdots\\ \varepsilon_{Lj}(1) & \varepsilon_{Lj}(2) & \cdots & \varepsilon_{Lj}(n)\end{bmatrix} \tag{2.18}$$

为了综合 n 个因子，需要求出所有 $\varepsilon_{ij}(K)$ 值，称其为关联函数。子序列 b_i 与母序列向量 a_j 的关联程度，定义为 $\varepsilon_{ij}(K)$ 的面积测度，即关联度。一种加权平均关联度为

$$r_{ij}=\sum_{k=1}^{n}W_k\varepsilon_{ij}(K)(i=1,2,\cdots,L;j=1,2,\cdots,m) \tag{2.19}$$

式中：W_k 为第 k 个因子的权重值，其值均在 0～1 之间，可利用改进的层次分析法与主成分分析法相结合确定权重。

关联度 r_{ij} 的取值在 0～1 之间，最小值为 0，最大值为 1；在计算 r_{ij} 的过程中考虑了各因子在评价体系中的相对重要性 W_k，即总的接近程度是由各因子的加权接近程度累加而成。对固定的 i，当第 j 次监测样本每个因子都达到 i 级评价标准要求时，即总的接近程度最大，则 $r_{ij}=1$；否则与 i 级评价标准相距越远，则总的接近程度越小，r_{ij} 越小。

按照以上所述，可以分别计算出各关联度 r_{ij}，然后形成多个因子的安全综合评价关联矩阵。

$$\boldsymbol{R}_{L\times m}^{(t)}=\begin{bmatrix}r_{11} & r_{12} & \cdots & r_{1m}\\ r_{21} & r_{22} & \cdots & r_{2m}\\ \cdots & \cdots & & \cdots\\ r_{L1} & r_{L2} & \cdots & r_{Lm}\end{bmatrix} \tag{2.20}$$

由此可见，$\boldsymbol{R}$ 矩阵从整体上描述了 n 个因子的每次测值相对于各级安全评价标准的关联度。它是实测样本序列与各级安全评价标准序列间距离的一种量度。二者接近度愈大，则关联度就越大，反之亦然。根据灰关联分析原理，第 j 次监测样本的安全评价（G_j）为

$$G_j=\max_{1\leqslant i\leqslant L}\{r_{ij}\} \tag{2.21}$$

根据评价指标对评价矩阵中每个评价指标体系的关联系统矩阵进行加权求和，即可得到待评价序列与各级安全评价标准序列间的综合关联度，从而实现综合评价。

2.3.4　多因素综合评判理论

监测系统工作状态往往受多个因素影响，如观测项目的重要性、布置合理性、观测方

法及频次、监测设备情况、观测成果的精度等，忽视其中任何一个因素而得出的评价结果都是片面的、不科学的，因此对监测系统工作状态进行评价时需要全面考虑相应的影响因素。王玉洁和傅春江[5]引入多因素综合评判理论进行大坝监测系统综合评价。

在评价事物时，往往要考虑多个影响因素，而各因素在事物评价中的影响不是等同的，所起作用有大有小，这种评定作用就构成一个子集 A ：

$$A = \frac{a_1}{u_1} + \frac{a_2}{u_2} + \cdots + \frac{a_m}{u_m} \tag{2.22}$$

$$\sum_{i=1}^{m} a_i = 1 \tag{2.23}$$

式中：a_i 代表单独考虑因素 u_i 时，对评价等级所起作用的大小的量度（或称权系数）；"+"不是加法符号，是"联"的意思。

在综合评判中，存在三个论域：评价因素论域、评语论域及结果论域。设评价因素论域为 U，$U = [U_1, U_2, \cdots, U_m]$；评语论域为 V，$V = [V_1, V_2, \cdots, V_m]$；则结果论域 B 可表示为

$$B = [a_1, a_2, \cdots, a_m] \times \begin{bmatrix} V_1 \\ V_2 \\ \vdots \\ V_m \end{bmatrix} \tag{2.24}$$

综合评判时，一般先按各个影响因素分别单独评价（单因素评判），再根据各因素在问题总评价中所处地位与所起的作用，对各个单因素评价结果进行修正与综合评判，从而获得最后评定结果。结果论域的确定有两种方法：明确型和模糊型。

（1）明确型结果论域是将结果论域（B 值）划分若干闭区间，作为各评价结果的范围。明确型的比较优点是简单明确，缺点是若 B 值在闭区间边缘，可能得出不合理的评价结果。

（2）模糊型结果论域的评价等级为实数域上的模糊区间，即边界模糊，各等级相互交迭。取区间的均值作为模糊中心（记作 m_j），认为 m_j 是相应等级最具代表性的量，当 $x_j = m_j$ 时，用隶属度表示即 $\mu_{vj}(x_j) = 1$。二等级交界上的 x_j，对 v_j、v_{j+1} 等级的隶属度相同，用隶属度表示即 $\mu_{vj}(x_j) = \mu_{vj+1}(x_j) = 0.5$。当 $\mu_{vj}(x_j)$ 和 $\mu_{vj+1}(x_j)$ 较为接近时，定出阈值 ξ 加以控制，当 $\dfrac{\min[\mu_{vj}(x_j), \mu_{vj+1}(x_j)]}{\max[\mu_{vj}(x_j), \mu_{vj+1}(x_j)]} \geqslant \xi$ 时，施加人工干预。模糊型的优点是可施加人工干预，评定结果合理，缺点是计算较为复杂。

由于影响监测系统工作状态因数的多样性和复杂性，采用多因素评判理论可以将多样、复杂的影响因素用数学模型来表示和计算。但运用多因素综合评判的关键在于定出合理的评价因素论域、评语论域、各因素的权系数及结果论域，而确定这些论域和权系数需要丰富的工程实际经验。

2.3.5　专家评价法

专家指的是在评价对象所在方面或者相关方面具有丰富经验和扎实专业基础的学者。通过相关专家团队对评价指标的主观判断，给出相应的得分。这些分数就是对评价指标做

出评价的标准。因为每个人对于自己的专业知识方面都是有不足，经验方面也参差不齐，所以依靠单个专家进行评价对于评价结果就过于片面。通过不断的积累和发展，到现在，专家评价法已经不再靠个别人，而是选择相信专家集体的智慧。

DELPHI 法是一种具有代表性的专家评价法，由兰德公司发明并使用。大致的过程是：专家对评价对象有了评价初步意见之后，对这些得到的评价结果进行整理和归纳总结，总结的结果再次反馈给参与评价的各位专家，对这些专家的再一次意见重新进行整理总结，直到各位专家形成统一的评价意见。其有效地解决了专家会议法的不足，因其具有匿名性、反馈性、统计性等优势，可以使参与评价的各位专家都能够广泛发表自己的意见。

用统计等方法对结果操作处理。这种方法优点是可以对一些难以定量化的指标作出评价，能够将定量和定性融合进行评价。缺点是这种方法的主观性较强，当确定评价指标的分值时给出一个确定的值，但是在实际应用中，有些专家所学知识有一些的局限综合评价指标的本身也很模糊和复杂。

假定总计有 n 个评价指标需要评分，然后有 m 位专业方面的专家。x_{ij} 代表专家 i 对于评价指标 j 的评分；x_j 代表 j 指标的平均得分值。

$$x_j = \frac{1}{m} \sum_{i=1}^{m} x_{ij} \quad (i = 1, \cdots, n; j = 1, \cdots, m)$$

参 考 文 献

［1］　SL 766—2018 大坝安全监测系统鉴定技术规范 ［S］.
［2］　何金平，吴雯娴，涂圆圆，等．大坝安全监测系统综合评价（Ⅰ）基本体系 ［J］．水电自动化与大坝监测，2011，35（1）：40-43.
［3］　何金平，逄智堂，马传彬．大坝安全监测系统综合评价（Ⅱ）评价标准 ［J］．水电自动化与大坝监测，2011，35（2）：43-47.
［4］　朱盟．棋盘山水库大坝安全综合评价系统技术研究 ［D］．大连：大连理工大学，2007.
［5］　王玉洁，傅春江．多因素评判理论在监测系统综合评价中的应用 ［J］．大坝与安全，2003（6）：52-53.

第3章 汾河二库大坝安全
监测系统评价

汾河二库是汾河上游干流上一座大（2）型水利枢纽工程，坝址位于山西省太原市尖草坪区与阳曲县交界的悬泉寺，上游距汾河水库80km，下游距太原市区30km，坝址控制流域面积 2348km²，多年平均入库径流量为 $1.45 \times 10^9 m^3$，水库总库容为 $1.33 \times 10^9 m^3$。水库以防洪和供水为主，兼有发电和旅游等综合效益。工程设计等别为Ⅱ等，主要建筑物拦河大坝、供水发电洞为2级建筑物，引水式发电站为4级建筑物。拦河大坝为碾压混凝土重力坝，坝顶全长 227.7m，最大坝高 88m，中部为 48m 长的溢流坝段，设 3 孔 12m×6.5m 溢流表孔，最大泄量为 1578m³/s。

汾河二库碾压混凝土坝于 1996 年 11 月开工建设，1999 年 12 月下闸蓄水。2007 年 7 月主体工程竣工验收。2014 年实施了应急专项除险加固工程，主要加固内容包括大坝下游 F10 断层混凝土连续墙加固及固结灌浆，左岸防渗墙下岩基固结灌浆和帷幕灌浆，右坝肩上游帷幕灌浆，左、右坝肩下游帷幕灌浆，坝基接触灌浆和坝体并缝灌浆，廊道自动排水系统改造。2016 年 9 月通过了应急专项除险加固工程竣工验收。2015 年 12 月启动了汾河水库（土石坝）、汾河二库（混凝土坝）试点工程即"山西省水库大坝安全监控系统试验研究——汾河水库、汾河二库、省中心安全监控系统"的建设，2017 年 11 月投入试运行。该系统使用以来，基本满足了日常监测管理的需要，为汾河二库的安全运行提供了初步技术支撑。

根据《大坝安全监测系统鉴定技术规范》（SL 766—2018）的要求，水库大坝安全监测系统实行定期安全鉴定制度，系统竣工验收后或投入使用后 3 年内应进行首次鉴定，之后应根据监测系统运行情况每间隔 3～5 年或必要时进行鉴定，宜结合大坝安全鉴定开展监测系统鉴定。为了解大坝安全监测系统目前的工作性状，给工程安全运行和安全监测系统优化改造提供科学依据，本章主要从考证资料、仪器现场检查与测试、历史测值、运行维护、自动化系统等方面，对汾河二库现有大坝安全监测系统进行评价，给出评价结果和改进意见。

3.1 资 料 收 集

根据 SL 766—2018 的要求，在进行系统评价工作之前，收集了有关基础资料，主要有工程特性资料、监测考证资料和安全监测资料。

1. 工程特性资料

（1）水库枢纽、主体建筑物的工程概况和特征参数。

（2）枢纽总体布置图和主要建筑物及其基础地质剖面图。

（3）坝区工程地质条件、坝基和坝体的主要物理力学指标、有关建筑物和岩土体的安全运行条件及允许值、安全系数等警戒性指标。

（4）工程施工期、初蓄期及运行以来，出现问题的部位、性质和发现的时间以及处理情况与效果；工程蓄水、竣工安全鉴定及各次大坝安全定期检查和鉴定的结论、意见和建议。

2．监测考证资料

（1）安全监测系统设计、布置、埋设、竣工以及系统运行后的维护和更新改造资料等资料。

（2）监测设施及测点的平面布置图。

（3）监测设施及测点的纵横剖面布置图。

（4）有关各水准基点、起测基点、工作基点、校核基点、监测点，以及各种监测设施的平面坐标、高程、结构、安设情况、设置日期和测读起始值、基准值等文字和考证表。

（5）各种仪器的型号、规格、主要附件、生产厂家、仪器使用说明书、出厂合格证、出厂日期、购置日期、检验率定等资料。

（6）有关数据采集仪表和电缆走线的考证或说明资料。

3．安全监测资料

（1）工程物理量原始测值、仪器原始测读值、巡视检查资料以及资料分析成果等。

（2）原始监测数据经换算后所得的物理量数据、特征值统计数据、物理量分布及变化过程线图、报表、年度整编报告以及历次监测资料分析报告等。

3.2　考证资料评价

监测设施考证资料的评价应包含资料完整性评价、监测仪器选型适应性评价和安装正确性评价，有关评价标准如下。

（1）资料完整性评价的评价标准：

1）考证资料齐全、完整，评价为合格。

2）监测设施安装位置信息或物理量计算所需的参数不完整，评价为不合格。

3）其他情形评价为基本合格。

（2）监测仪器选型适应性评价的评价标准：

1）监测仪器选型适应工作环境条件，技术性能指标满足被测工程物理量监测的要求，监测仪器静态特性参数满足《大坝安全监测仪器检验测试规程》（SL 530）的要求，评价为合格。

2）监测仪器选型不适应工作环境条件，或技术性能指标不满足被测工程物理量的要求，或监测仪器静态特性参数不满足 SL 530 的要求，评价为不合格。

3）其他情形，评价为基本合格。

（3）监测仪器安装正确性评价的评价标准：

1）监测仪器安装满足《大坝安全监测仪器安装标准》（SL 531）和设计要求，评价为合格。

2）若不满足，评价为不合格。

3）其他情形评价为基本合格。

综合以上三项评价结果，将考证资料评价标准分为可靠、不可靠、基本可靠三档。其中：①监测资料完整性合格，仪器选型合格、安装合格，评价为可靠；②监测资料完整性不合格，或仪器选型不合格、或安装不合格，评价为不可靠；③其他情形，评价为基本可靠。

通过查验汾河二库各种监测仪器的型号、规格、使用说明书、检验率定等资料以及安全监测系统的设计、布置、安装、维护和更新改造等资料，并结合仪器外观的现场检查等工作，做出如下评价：

资料齐全、完整，评价为合格；仪器选型适应工作环境要求，技术性能指标满足标准以及监测需要，评价为合格；仪器严格按照说明书及标准要求安装，评价为合格。

综上所述，汾河二库安全监测系统考证资料评价结果为可靠。

3.3　仪器现场检查与测试评价

现场检查应重点关注监测设施的外观、标识、线缆及连接、工作状态、运行环境和观测条件等。现场测试所用的仪器仪表与被测检测仪器应适配，应经检定/校准合格并在有效期内，且工作正常。

汾河二库主坝所设置的监测项目主要有变形监测、渗流监测和环境量监测。2020年8月中下旬，专业人员按照 SL 766—2018 的要求，对所有的监测仪器都进行了现场检查与测试。各类型监测设施检测方法及结果如下。

3.3.1　变形监测设施现场检查与测试评价

3.3.1.1　变形监测项目

根据2000年6月《山西省汾河二库水利枢纽工程蓄水安全鉴定报告》，汾河二库的大坝安全监测设计的观测项目包括变形、渗流以及应力等。变形监测包括水平位移、垂直位移、挠度位移、倾斜位移和接缝位移等项目，共设置仪器75只（套）；应力监测项目包括混凝土应力、钢筋应力、土压力和温度等项目，共设置仪器300只（套）。其中变形监测仪器、应力监测仪器，除已与建筑物施工同步埋设者外，大坝水平位移、垂直位移、挠度、倾斜等项目尚未进行安装埋设。

2014年汾河二库进行了应急专项除险加固。2000—2014年进行过涉及局部大坝安全监测系统的建造，但未成体系。2015年山西省水利厅立项，进行汾河水库、汾河二库和省中心安全监测系统建设的山西省水库大坝安全监控系统试验研究，新建了汾河二库大坝安全监测系统，并系统建设了数据自动采集系统。

新建的大坝安全监测系统包括变形、渗流和环境量等项目监测。其中：变形项目包括采用全站仪观测的坝体下游面表面变形、采用测缝计观测的廊道接缝裂缝开度、871.00m和908.00m廊道采用引张线观测的水平位移、908.00m廊道采用静力水准仪观测的廊道竖向位移（沉降）、采用正倒垂线坐标仪观测的870.00m高程廊道两端水平位移。

3.3.1.2 引张线装置现场检查与测试评价

1. 测点布置

870 高程和 908 高程廊道横向水平位移采用引张线装置观测，870 廊道布置 10 个测点，908 廊道布置 13 个测点。23 个测点位置见表 3.1 和图 3.1。

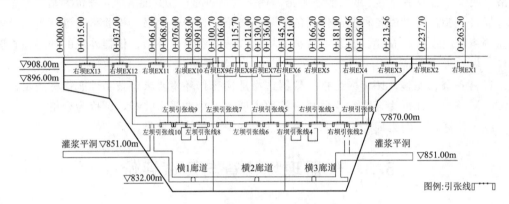

图 3.1　廊道引张线测点布置图

表 3.1　　　　　　　　　　　　　　廊道引张线测点位置表

名　称	测点编号	桩　号	高程/m	坝轴距	廊道位置
引张线 1	右坝 EX1	0+015	909.2	0−001.42	908 廊道上游侧
	右坝 EX2	0+037	909.2	0−001.42	
	右坝 EX3	0+061	909.2	0−001.42	
	右坝 EX4	0+085	909.2	0−001.42	
	右坝 EX5	0+099.2	909.2	0−001.42	
	中 EX6	0+115.7	909.2	0−001.42	
	中 EX7	0+130.7	909.2	0−001.42	
	中 EX8	0+145.7	909.2	0−001.42	
	中 EX9	0+166.2	909.2	0−001.42	
	左坝 EX10	0+189.56	909.2	0−001.42	
	左坝 EX11	0+213.56	909.2	0−001.42	
	左坝 EX12	0+237.1	909.2	0−001.42	
	左坝 EX13	0+263.5	909.2	0−001.42	
引张线 2	右坝引张线 1	0+068	871.2	0+020	870 廊道
	右坝引张线 2	0+076	871.2	0+020	
	右坝引张线 3	00+091	871.2	0+020	
	右坝引张线 4	0+106	871.2	0+020	
	右坝引张线 5	0+121	871.2	0+020	
	左坝引张线 6	0+136	871.2	0+020	

名　称	测点编号	桩　号	高程/m	坝轴距	廊道位置
引张线 2	左坝引张线 7	0+151	871.2	0+020	870 廊道
	左坝引张线 8	0+166	871.2	0+020	
	左坝引张线 9	0+181	871.2	0+020	
	左坝引张线 10	0+196	871.2	0+020	

测点部位安装有步进电机式 SWT-50 引张线仪,其技术参数如下:

仪器量程:Y 向 0~50mm;X 向 0~30mm;

测量精度:±0.1mm。

方向规定:X 轴向水平位移,向左为正,向右为负;Y 横向水平位移,向下游为正,向上游为负;Z 竖向位移,下沉为正,上升为负。

2.评价方法及标准

(1)现场检查评价。引张线装置现场检查要重点关注以下方面内容是否满足要求:

1)各测点与被测结构建筑物连接牢固。

2)保护管和测点保护箱封闭防风。

3)线体张紧无弯(折)痕,在测量范围内活动自由。

4)定位卡的 V 形槽槽底水平,方向与测线一致。

5)线体高于读数尺尺面 0.3~3.0mm。

6)寒冷地区的水箱内采用防冻液。

7)有浮托装置的水箱水面有足够的调节余地,浮船未触碰水箱壁。

8)挂重满足要求。

9)同一引张线的读数尺零方向统一。

10)金属线体及测量部件无锈蚀。

前 9 项只要满足,评价为合格,否则,评价为不合格;第 10 项,无锈蚀评价为合格,严重锈蚀评价为不合格,其他情形评价为基本合格。

综合以上 10 项检查结果,全部合格,则引张线装置现场检查评价结果为合格;任意一项不合格,则现场检查评价为不合格;其他情况可评价为基本合格。

(2)现场测试评价。引张线装置现场测试内容主要有两方面,即线体稳定性检验和测值准确性检验。

1)线体稳定性检验。测试人员在引张线装置无扰动情况下,读取并记录各测点测值作为初始读数,然后拨动线体,待稳定后,再测量各测点的测值。计算前后两次读数的差值,其绝对值要不大于 0.15mm,满足要求则评价为合格;否则评价为不合格。

2)测值准确性检验。测试人员在线体的中心测点将测线定位在拨线卡具上,稳定后读取并记录各测点测值作为初始读数,然后通过拨线卡具轻轻将线体向上、下游侧宜各拉开 10~20mm 后固定,待稳定后,再测量各测点的位移值。将前后两次的读数差与理论值比较,差值的绝对值小于 0.3mm,评价为合格;位于 0.3mm~0.5mm,评价为基本合格;大于 0.5mm,评价为不合格。

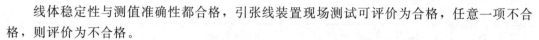

线体稳定性与测值准确性都合格，引张线装置现场测试可评价为合格，任意一项不合格，则评价为不合格。

（3）引张线装置综合评价。经现场检查与现场测试，两项全部合格，则引张线装置评价为可靠；任意一项不合格，则评价为不可靠；其他情形，评价为基本可靠。

3. 评价结果

专业人员按照上述方法，对汾河二库主坝 870 廊道的 10 个测点、908 廊道的 13 个测点，共计 23 个引张线测点，进行了现场检查与测试，现场记录表格见附录一。评价结果汇总见表 3.2。

表 3.2　　　　　　　引张线装置现场检查与测试评价结果汇总表

名　称	廊道位置	测点编号	现场检查	现场测试	综合评价
引张线 1	908 廊道上游侧	右坝 EX1	合格	不合格	不可靠
		右坝 EX2	合格	合格	可靠
		右坝 EX3	合格	不合格	基本可靠
		右坝 EX4	合格	合格	可靠
		右坝 EX5	合格	合格	可靠
		中 EX6	合格	不合格	基本可靠
		中 EX7	合格	不合格	不可靠
		中 EX8	合格	合格	可靠
		中 EX9	合格	不合格	基本可靠
		左坝 EX10	合格	不合格	基本可靠
		左坝 EX11	合格	合格	可靠
		左坝 EX12	合格	合格	可靠
		左坝 EX13	合格	合格	可靠
引张线 2	870 廊道	右坝引张线 1	合格	合格	可靠
		右坝引张线 2	合格	合格	可靠
		右坝引张线 3	合格	合格	可靠
		右坝引张线 4	合格	合格	可靠
		右坝引张线 5	合格	合格	可靠
		左坝引张线 6	合格	合格	可靠
		左坝引张线 7	合格	合格	可靠
		左坝引张线 8	合格	合格	可靠
		左坝引张线 9	合格	合格	可靠
		左坝引张线 10	合格	合格	可靠

评价结果表明，870 廊道 10 个测点的引张线装置运行情况较好，而 908 廊道上游侧 13 个测点中有个别测点的引张线装置在现场测试时测值异常，异常测点的最终可靠性还需要进一步的故障排除才能判定。总体而言，引张线装置是可靠的。

3.3.1.3 垂线装置现场检查与测试评价

1. 测点布置

870 高程廊道两侧和 908 高程廊道左侧共布置了正倒垂系统测点 5 点,其中 908 廊道垂线装置已弃用。测点位置分布见表 3.3 和图 3.2。

表 3.3 正倒垂系统测点分布位置

名 称	测点编号	桩号	高程/m	坝轴距	廊道位置
正倒 垂线	左坝正垂	0+070.1	870.7	0+001.8	870 廊道
	右坝正垂	0+187.65	870.7	0+001.8	
	左坝倒垂	0+070.30	870.7	0+001.8	
	右坝倒垂	0+187.45	870.7	0+001.8	
	DC 左	0+001.00	909	0−000.70	908 廊道(弃用)

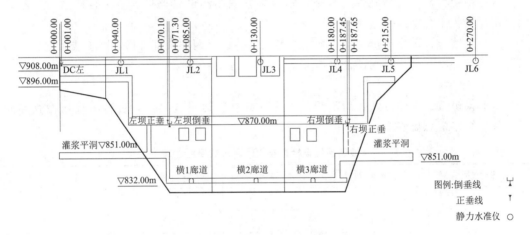

图 3.2 正倒垂测点和静力水准测点布置图

垂线处观测仪器为 MZY - 30 步进电机式垂线坐标仪,技术参数如下:

量程:X 向 30mm,Y 向 20mm;

测量精度:小于 0.3mm。

2. 评价方法及标准

(1)现场检查评价。垂线装置现场检查要重点关注以下方面内容是否满足要求:

1)垂线观测墩及支架牢固可靠。

2)垂线保护管内无杂物、钢丝可自由活动。

3)垂线装置无严重锈蚀、钢丝无弯(折)痕。

4)当垂线所在部位风力较大时,设置了防风管。

5)正垂的重锤重量满足要求,并全部没入阻尼液中,且设有止动叶片。

6)正垂悬挂端有保护装置并防水。

7)倒垂浮体组浮力应满足设计要求,浮子处于自由状态,未触及桶壁。

8)垂线孔满足测量范围,孔壁与垂线体无干涉影响。

上述 8 项检查内容，满足要求则评价为合格，否则评价为不合格。8 项内容全部合格，则垂线装置现场检查评价结果为合格；任意一项不合格，则现场检查评价为不合格。

（2）现场测试评价。垂线装置现场测试内容与引张线类似，包括线体稳定性检验和测值准确性检验两部分。

1）线体稳定性检验。测试人员在垂线装置无扰动情况下，读取并记录垂线初始读数，然后轻轻将线体向左、右岸和上、下游侧各推移 10～20mm 后松手，等待垂线线体稳定，测读稳定后的读数。计算前后两次读数的差值，其绝对值不大于 0.3mm，评价合格；否则评价为不合格。

2）测值准确性检验。测试人员使垂线向左右岸和上下游侧分别位移 10mm，测读垂线坐标仪的测值并记录。将测值与标定值比较，其差值的绝对值不大于 0.28mm，评价合格；否则评价为不合格。

线体稳定性与测值准确性都合格，垂线装置现场测试可评价为合格，任意一项不合格，则评价为不合格。

（3）垂线装置综合评价。经现场检查与现场测试，两项全部合格，则垂线装置评价为可靠；任意一项不合格，则评价为不可靠。

3. 评价结果

专业人员按照上述方法，对汾河二库主坝 870 廊道垂线测点，进行了现场检查与测试。评价结果汇总见表 3.4。

表 3.4　垂线装置现场检查与测试评价结果汇总表

廊道位置	测点编号	现场检查	现场测试	综合评价
870 廊道	左坝正垂	合格	合格	可靠
	右坝正垂	合格	合格	可靠
	左坝倒垂	合格	合格	可靠
	右坝倒垂	合格	合格	可靠

评价结果表明，汾河二库 870 廊道垂线测点均工作正常，垂线装置现场检查与测试总体评价为可靠。

3.3.1.4　静力水准装置现场检查与测试评价

1. 测点布置

汾河二库主坝静力水准系统共设 6 个测点，均布置在 908 高程廊道内，所处位置见表 3.5 和图 3.2。

表 3.5　坝顶廊道静力水准仪测点位置表

测点编号	桩　号	高程/m	坝轴距	廊道位置
JL1	0＋040	909.5	0－001.40	908 廊道
JL2	0＋085	909.5	0－001.40	

续表

测点编号	桩 号	高程/m	坝轴距	廊道位置
JL3	0+130	909.5	0-001.40	
JL4	0+180	909.5	0-001.40	908廊道
JL5	0+215	909.5	0-001.40	
JL6	0+270	909.5	0-001.40	

所安装的静力水准仪为南自所的 SYJ-30 型差动变压器式静力水准仪，其技术参数如下：

测量范围：30mm；

测量精度：0.01mm。

2. 评价方法及标准

(1) 现场检查评价。静力水准装置现场检查要重点关注以下方面内容是否满足要求：

1) 测点墩与被测基础紧密结合，静力水准支架牢固可靠。

2) 管路无漏液现象，管路中无气泡。

3) 寒冷地区，当静力水准布置在室外时，测点和管路按规范防冻保护。

4) 连通管平顺。

5) 钵体、连通管、浮子洁净无污垢。

上述 5 项检查内容，满足要求则评价为合格，否则评价为不合格。5 项内容全部合格，则静力水准装置现场检查评价结果为合格；任意一项不合格，则现场检查评价为不合格。

(2) 现场测试评价。静力水准装置现场测试内容包含测值稳定性检验和传感器性能检验。

1) 测值稳定性检验。测试人员在短时间内重复测读 2 次，两次测值之差的绝对值不大于 0.3mm，评价为合格；否则评价为不合格。

2) 传感器性能检验。鉴于差动变压器式传感器既不属于差动电阻式也不属于振弦式仪器，按照规范，其现场测试应符合下列规定：

a. 其主要读数重复测读 2 次，两次读数差的绝对值不大于传感器分辨力的 3 倍，评价为合格，否则评价为不合格。

b. 读数稳定且在有效量程范围内，评价为合格；主要读数稳定且在有效量程范围内，次要读数不稳或不在有效量程范围，评价为基本合格；其他情形，评价为不合格。

c. 上述两项测试结果合格，评价为合格；任一项不合格，评价为不合格；其他情形，评价为基本合格。

3) 测值稳定性检验和传感器性能检验都合格，静力水准装置现场测试可评价为合格，任意一项不合格，则评价为不合格。

(3) 静力水准装置综合评价。经现场检查与现场测试，两项全部合格，则静力水准装置评价为可靠；任意一项不合格，则评价为不可靠。

3．评价结果

专业人员按照上述方法，对汾河二库主坝 908 高程廊道的 6 个静力水准系统测点，进行了现场检查与测试。评价结果汇总见表 3.6。

表 3.6　　　　　　　　　静力水准装置现场检查与测试评价结果汇总表

测点编号	现场检查	现场测试	综合评价
JL1	不合格	不合格	不可靠
JL2	不合格	合格	不可靠
JL3	不合格	不合格	不可靠
JL4	不合格	合格	不可靠
JL5	不合格	合格	不可靠
JL6	不合格	合格	不可靠

评价结果表明：汾河二库主坝 908 高程廊道静力水准监测系统已完全失去监测能力。在现场检查过程中，检查人员发现 JL1 测点桶内液体不足，且管路内多处出现气泡，见图 3.3 和图 3.4。现场测试中 JL1、JL3 测点测值异常，其余测点虽测值稳定，但由于缺液、管路气泡存在，所得测值也无参考意义。后经管理人员反馈得知，本套静力水准装置已弃用，因此也无评价必要。建议对整套静力水准系统进行改造修复。

图 3.3　静力水准 JL1 测点桶内液体不足　　　图 3.4　静力水准系统管路内有气泡

3.3.1.5　测缝计现场检查与测试评价

1．测点布置

在 832 廊道、851 廊道和 870 廊道壁上的裂缝和接缝处布置了测缝计，观测裂缝接缝开度。各仪器位置见表 3.7。

测缝计采用北京基康振弦式 BGK － 4420 传感器，量程 25mm，精度不大于 0.2％FS。安装时压缩量占量程的 1/3，拉伸量占量程的 2/3，即安装时控制压缩量为 10mm 左右。开合度计算公式采用厂家提供的直线式。

规定裂缝张开为正，闭合为负。该规定符合规范要求。

表 3.7 测缝计位置分布情况

测点编号	桩 号	高程/m	坝轴距/m	廊道位置/(°)
K1	0+185	909.90	−1	908 廊道上游侧,立面角度 1,平面角度 0
K2	0+186.4	909.20	0.5	908 廊道下游侧,立面角度 −1,平面角度 0
K3	0+236.4	909.60	−1	908 廊道上游侧,立面角度 0,平面角度 0
K4	0+248.4	909.82	−1	908 廊道上游侧,立面角度 0,平面角度 0
K5	0+249.4	909.55	0.5	908 廊道下游侧,立面角度 −1,平面角度 0
K6	0+267.4	909.60	0.5	908 廊道下游侧,立面角度 0,平面角度 0
K7	0+273.4	909.70	0.5	908 廊道下游侧,立面角度 0,平面角度 0
K8	0+027	897.05		左岸 896 廊道下游侧,立面角度 −1,平面角度 0
K9	0+027.5	897.65		左岸 896 廊道下游侧,立面角度 −20,平面角度 0
K10	0+027.5	897.95		左岸 896 廊道下游侧,立面角度 32,平面角度 0
K11	0+028	897.30		左岸 896 廊道上游侧,立面角度 0,平面角度 0
K12	0+032	897.63		左岸 896 廊道下游侧,立面角度 −7,平面角度 0
K13	0+042	897.53		左岸 896 廊道下游侧,立面角度 0,平面角度 0
K14	0+048	871.67	−0.35	870 廊道上游侧,立面角度 −14,平面角度 0
K15	0+072	871.10	−0.35	870 廊道上游侧,立面角度 −30,平面角度 0
K16	0+115	871.60	−0.35	870 廊道上游测,立面角度 7,平面角度 0
K17	0+170.55	871.70	−0.35	870 廊道上游侧,立面角度 12,平面角度 0
K18	0+192.05	871.60	−0.35	870 廊道上游侧,立面角度 −1,平面角度 0
K19	0+046	852.90	−0.35	左岸 851 廊道上游侧,立面角度 18
K20	0+198.6	855.00	−0.35	右岸 851 廊道顶,立面角度 0,平面角度 −5
K21	0+199.6	853.60	2.15	右岸 851 廊道下游侧,立面角度 0,平面角度 0
K22	0+079	836.00	0.5	832 廊道下游侧,立面角度 0,平面角度 0
K23	0+124.5	836.00	−0.5	832 廊道顶部,立面角度 0,平面角度 −2
K24	0+170.6	836.00	−0.5	832 廊道顶部,立面角度 0,平面角度 15
K25	0+182	836.00	−0.5	832 廊道顶部,立面角度 −2,平面角度 15
K26	0+183	836.00	−1.5	832 廊道上游侧,立面角度 24,平面角度 15
KW01	0+027	908.00	3.75	左岸坝体下游面立面角度 0,平面角度 0
KW02	0+027	893.00	24	左岸坝体下游面立面角度 −22,平面角度 15
KW03	0+217	908.00	3.75	右岸坝体下游面,立面角度 0,平面角度 0
KW04	0+217	890.00	24	右岸坝体下游面,立面角度 −15,平面角度 0

2. 评价方法及标准

(1)现场检查评价。振弦式测缝计现场检查要重点关注以下方面内容是否满足

要求:

1) 仪器安装与被监测结构结合牢固,保护装置可靠耐久,未出现影响测值真实性的变形、错位、锈蚀和开裂等现象。

2) 仪器电缆类型、保护、屏蔽、连接、接地和标识应满足现场环境下仪器长期稳定工作所需的工作、准确识别和运行维护条件。

上述两项检查内容,满足要求则评价为合格,否则评价为不合格。两项内容全部合格,则振弦式测缝计现场检查评价结果为合格;任意一项不合格,则现场检查评价为不合格。

(2)现场测试评价。振弦式测缝计现场测试内容包含频率测值和温度测值,频率测值评价宜采用频率极差和绝缘电阻评价,温度测值评价宜采用温度极差和绝缘电阻评价。

1)频率测值评价。

a. 频率极差评价:测试人员采用振弦式仪器便携式仪表对监测仪器的频率和电阻值进行 3 次连续测量和记录,每次测量时间间隔不低于 10s,并计算频率极差,当频率测值不大于 1000Hz 时,频率极差不大于 2Hz 为合格,否则为不合格;当频率测值大于 1000Hz 时,频率极差不大于 3Hz,评价为合格;否则为不合格。

b. 绝缘电阻评价:测试人员采用 100V 电压等级的兆欧表测量仪器电缆芯线的绝缘电阻,绝缘电阻不小于 0.1MΩ,评价为合格;否则评价为不合格。

频率极差和绝缘电阻均合格,频率测值评价为合格;频率极差不合格,频率测值评价为不合格;其他情形,评价为基本合格。

2)温度测值评价。

a. 温度极差评价:测试人员采用振弦式仪器便携式仪表对监测仪器的频率和电阻值进行 3 次连续测量和记录,每次测量时间间隔不低于 10s,并计算温度极差,温度极差不大于 0.5℃,评价为合格,否则评价为不合格。

b. 绝缘电阻评价:测试人员采用 100V 电压等级的兆欧表测量仪器电缆芯线的绝缘电阻,绝缘电阻不小于 0.1MΩ,评价为合格;否则评价为不合格。

温度极差和绝缘电阻均合格,温度测值评价为合格;温度极差不合格,温度测值评价为不合格;其他情形,评价为基本合格。

(3)振弦式测缝计综合评价。经现场检查与现场测试,可得出可靠、基本可靠、不可靠三档评价结果。

1)现场检查合格,频率测值合格,温度测值基本合格或合格,评价为可靠。

2)现场检查合格,频率测值合格或基本合格,评价为基本可靠。

3)其他情形,评价为不可靠。

3. 评价结果

专业人员按照上述方法,对汾河二库主坝裂缝开度监测所用的 26 个振弦式测缝计,进行了现场检查与测试,测试所用仪器为 HSC-1010V 振弦式读数仪和 ZC-7 绝缘电阻测试仪,见图 3.5 和图 3.6。评价结果汇总见表 3.8。

图 3.5　HSC-1010V 振弦式读数仪　　　　图 3.6　ZC-7 绝缘电阻测试仪
　　　　　读取频率及温度　　　　　　　　　　　　测量绝缘电阻

表 3.8　　　　　　　　　　振弦式测缝计现场检查与测试评价结果汇总表

测点编号	现场检查	频率测值	温度测值	综合评价
K1	合格	合格	合格	可靠
K2	合格	合格	合格	可靠
K3	合格	合格	合格	可靠
K4	合格	合格	合格	可靠
K5	合格	合格	合格	可靠
K6	合格	合格	合格	可靠
K7	合格	合格	合格	可靠
K8	合格	合格	合格	可靠
K9	合格	合格	合格	可靠
K10	合格	合格	合格	可靠
K11	合格	合格	合格	可靠
K12	合格	合格	合格	可靠
K13	合格	合格	合格	可靠
K14	合格	不合格	不合格	不可靠
K15	合格	合格	合格	可靠
K16	合格	合格	合格	可靠
K17	合格	合格	合格	可靠
K18	合格	合格	合格	可靠
K19	合格	合格	合格	可靠
K20	合格	合格	合格	可靠
K21	合格	不合格	不合格	不可靠
K22	合格	合格	合格	可靠
K23	合格	合格	合格	可靠
K24	合格	合格	合格	可靠
K25	合格	合格	合格	可靠

续表

测点编号	现场检查	频率测值	温度测值	综合评价
K26	合格	合格	合格	可靠
KW01	合格	合格	合格	可靠
KW02	合格	合格	合格	可靠
KW03	合格	合格	合格	可靠
KW04	合格	合格	合格	可靠

评价结果表明，26 支振弦式测缝计中绝大多数性能完好，仅有两支（K14、K21）在现场测试时无测值，初步考虑线路短路原因，建议做具体的故障排除。总体来说，测缝计系统仍然发挥着其应该发挥的作用，评价为可靠。

3.3.1.6　表面变形监测控制网现场检查与测试评价

1. 测点布置

下游侧表面变形采用全站仪，观测 X（纵向水平位移）、Y（横向水平位移）、Z［竖向位移（沉降）］三个方向的变形，各测点位置图见图 3.7，观测站房、右岸基准点坝体表面测点棱镜如图 3.8～图 3.10 所示。大坝下游侧坝面表面变形测点位置表见表 3.9。

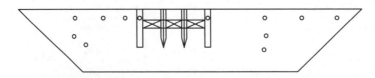

图 3.7　大坝下游面 12 个坝面变形测点分布图

图 3.8　全站仪观测站房

图 3.9　下游右岸基准点

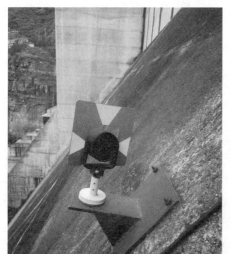

图 3.10　下游坝面变形测点棱镜

表 3.9　　　　　　　　　　　大坝下游侧坝面表面变形测点位置表

观测仪器	测点名称	桩　号	高程/m	坝轴距/m
全站仪	P1	0+14.7	909.5863	3.8
	P2	0+38.49	909.5806	3.8
	P3	0+62.19	909.4778	3.8
	P4	0+100.44	909.5402	16.29
	P5	0+145.16	909.5597	16.19
	P6	0+155.4	909.5598	3.8
	P7	0+169.61	909.5596	3.8
	P8	0+187.99	909.55	3.8
	P9	0+61.63	889.625	5.84
	P10	0+189.21	892.031	5.98
	P11	0+63.09	898.2111	12.25
	P12	0+181.03	898.013	10.29

第一排自右向左测点号为 P1～P8，第二排自右向左测点号为 P9、P10，第三排为 P11、P12。

观测仪器为徕卡 TM50 全站仪，量程：3000m，精度（角度 0.5″，测距：0.6mm＋1ppm），用于观测 X、Y、Z 三向位移，位移符号规定如下：

X 轴向水平位移，向右为正，向左为负；Y 横向水平位移，向上游为正，向下游为负；Z 竖向位移，上升为正，下沉为负。

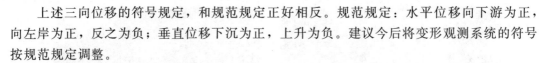

上述三向位移的符号规定，和规范规定正好相反。规范规定：水平位移向下游为正，向左岸为正，反之为负；垂直位移下沉为正，上升为负。建议今后将变形观测系统的符号按规范规定调整。

2. 评价方法及标准

变形监测控制网现场检查与测试要分水平位移监测和垂直位移监测分别评价。

（1）现场检查评价。

1）水平位移监测控制网的三角形网现场检查应符合下列规定：

a. 基准点观测墩完整稳固，其他观测墩完整牢固，评价为合格；否则评价为不合格。

b. 强制对中底盘完好，与观测墩结合牢固平正，评价为合格；否则评价为不合格。

c. 具备观测通行条件，评价为合格；否则评价为不合格。

d. 测点间通视条件良好，且测线周围 1m 内无障碍物，评价为合格；否则评价为不合格。

e. 基准点不少于 2 个，评价为合格；否则，评价为不合格。

f. 测点有可靠的保护措施，评价为合格；否则评价为不合格。

上述六项全部合格，三角形网现场检查评价为合格；第 1～5 项任一项不合格，评价为不合格；其他情形，评价为基本合格。

2）垂直位移监测控制网现场检查应符合下列规定：

a. 测点基础稳固，水准标芯完好竖直，评价为合格；否则评价为不合格。

b. 具备观测通行条件，评价为合格；否则评价为不合格。

c. 基准点不少于 1 个，评价为合格；否则评价为不合格。

d. 测点有可靠的保护措施，评价为合格；否则评价为不合格。

上述四项全部合格，垂直位移监测控制网现场检查评价为合格；第 1～3 项任一项不合格，评价为不合格；其他情形，评价为基本合格。

（2）现场测试评价。

1）水平位移监测控制网的观测精度与可靠性检查应符合下列规定：

宜采用实际观测数据计算，与相邻基准点的点位中误差不大于 2mm，评价为合格；否则评价为不合格。

三角形水平位移监测控制网满足可靠性因子（平均多余观测分量）不小于 0.2，评价为合格；否则评价为不合格。

2）垂直位移监测控制网精度满足 GB 12897 中相应等级的技术要求，评价为合格，否则评价为不合格。

（3）综合评价。

1）水平位移监测控制网现场检查、观测精度与可靠性检查，全部合格，评价为可靠；现场检查、观测精度与可靠性检查，任一项不合格，评价为不可靠；其他情形，评价为基本可靠。

2）垂直位移监测控制网现场检查、精度全部合格，评价为可靠；现场检查、精度任一项不合格，评价为不可靠；其余情形，评价为基本可靠。

3. 评价结果

按上述方法和标准对汾河二库下游坝面变形监测水平和垂直控制网进行了现场检查和测试。

按上述方法和标准对汾河二库下游坝面变形监测水平和垂直控制网进行了现场检查和测试。评价结果表明，大坝下游全站仪表面变形监测系统的工作状况整体良好，但部分测点数据质量不佳，结合历史测值可直观地反映出这个问题，总体评价为基本可靠，建议对部分测点进行排查、校准。

3.3.2　渗流监测设施现场检查与测试评价

3.3.2.1　渗流监测项目

工程建设时，渗流监测项目包括坝基扬压力、坝体扬压力、绕渗压力、渗流量和库水位，共设置仪器 59 只（套）；其中渗流监测仪器和设备除已与建筑物施工同步埋设者外，大坝扬压力测压管、渗流量量水堰及水库水位等项目未安装。

2014 年汾河二库开始了应急专项除险加固。2015 年重建了汾河二库新的大坝安全监测系统。新建的渗流观测项目包括廊道扬压力、左右坝端绕坝渗流压力、廊道渗流量等。除采用自动化系统监测外，还采用人工观测方法对坝体渗漏点渗漏量、廊道内渗流量和扬压力进行观测。

3.3.2.2　扬压力监测设施现场检查与测试评价

1. 测点布置

旧扬压力观测系统埋设于 2015 年，2016 年开始观测。旧扬压力观测点选择了 832 廊道一些代表性部位的排水孔 20 个点，在其上安装压力表，观测扬压力。

2016 年底，山西省汾河二库管理局在 832 廊道新安装了 14 个扬压力测点，观测坝基扬压力分布情况。测点布置见图 3.11、图 3.12。新扬压力和左右绕坝渗流观测仪器安装埋设情况见表 3.10。

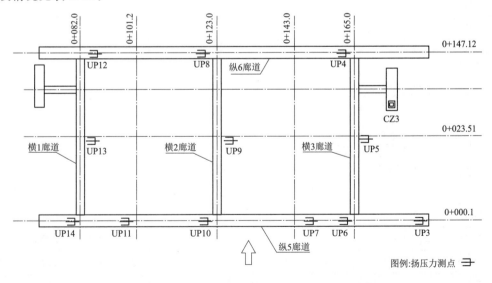

图 3.11　832 廊道扬压力测点分布图

坝基扬压力 UP1～UP16 测点采用渗压计和压力表同时观测有压测压管水位，如图 3.13 所示。右岸 4 个和左岸 6 个绕坝渗流测点直接采用渗压计观测无压测压管水位，渗压计吊装在测压管内，管底高程为坝基下 0.70m 处。

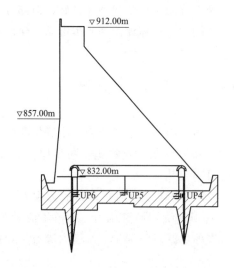

图 3.12　0+165 断面扬压力测点分布图　　　　图 3.13　扬压力测点渗压计与压力表

各渗压计吊装高程均位于测压管管底。渗压计采用美国基康公司的 4500s 振弦式压力传感器，量程 700kPa，精度小于满量程的 0.1%FS。

表 3.10 新扬压力和左右坝肩绕渗观测设施基本情况表

测点编号	测压管安装			渗压计安装高程/m	测点所在位置
	桩号/m	孔口底高程/m	轴距/m		
UP1	0+212.2	888.80		888.80	右岸 896 廊道
UP2	0+194	843.48		843.48	右岸 851 廊道
UP3	0+186	827.42		827.42	832 廊道，纵 5
UP4	0+164	826.96		826.96	832 廊道，纵 6
UP5	0+163	827.81	24	827.81	横 13 廊道
UP6	0+163.5	827.295		827.295	832 廊道，纵 5
UP7	0+148	827.37		827.37	832 廊道，纵 5
UP8	0+120.1	823.83		823.83	832 廊道，纵 6
UP9	0+122	825.47	24	825.47	横 2 廊道
UP10	0+121.5	826.93		826.93	832 廊道，纵 5
UP11	0+098	826.89		826.89	832 廊道，纵 5
UP12	0+084	823.77		823.77	832 廊道，纵 6
UP13	0+082	829.95	24	829.95	横 1 廊道

测点编号	测压管安装			渗压计安装高程/m	测点所在位置
	桩号/m	孔口底高程/m	轴距/m		
UP14	0+080	827.85		827.85	832廊道，纵5
UP15	0+049.5	847.50	0.5	847.50	左岸851廊道
UP16	0+030	888.845	0.5	888.845	左岸896廊道
UPR1	0+227.7	877.236	1	877.236	右岸绕坝
UPR2	0+226	880.764	16	880.764	右岸绕坝
UPR3	0+224	880.032	27	880.032	右岸绕坝
UPR4	0+222	881.541	35	881.541	右岸绕坝
UPL1	0+008	879.04	1	879.04	左岸绕坝1
UPL2	0+007.3	880.789	5	880.789	左岸绕坝1
UPL3	0+007.3	880.742	10	880.742	左岸绕坝1
UPL4	0+029	882.014	3	882.014	左岸绕坝2
UPL5	0+029	880.903	8	880.903	左岸绕坝2
UPL6	0+028	879.256	18	879.256	左岸绕坝2

2. 有压测压管评价方法及标准

(1) 现场检查评价。有压测压管现场检查要重点关注以下方面内容是否满足要求：

1) 测压管管口及保护装置牢固、无变形，管口封闭、无渗漏。

2) 采用压力表测量有压测压管水头时，压力表与测压管的连接接头处不渗水，压力表量程宜为1.2倍最大压力，压力表精度应不低于1.6级。

上述两项都满足要求，有压测压管现场检查评价为合格；任一项不满足，评价为不合格；其他情形可视为基本合格。

(2) 现场测试评价。安装有压力表及放水阀的有压测压管，现场测试主要是检测其灵敏度。灵敏度试验应在压力稳定时进行，试验前检测人员先记录压力表读数，然后打开放水阀卸压，但是帷幕前的测压管不得任意排水。卸压后，记录压力表读数，关闭放水阀，记录测压管内压力恢复过程，直至压力表读数恢复或接近卸压前压力表读数。若压力能恢复或接近卸压前压力表读数，灵敏度评价为合格；否则评价为不合格。

(3) 有压测压管综合评价。经现场检查与灵敏度试验，全部合格，则有压测压管评价为可靠；灵敏度不合格，则评价为不可靠；其他情形，评价为基本可靠。

3. 无压测压管评价方法及标准

(1) 现场检查评价。无压测压管现场检查要重点关注以下方面内容是否满足要求：

1) 管口及保护装置牢固、无变形。

2) 管口高出坝（地）面，能防止客水流入，并有可靠的管口保护装置。

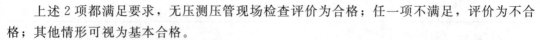

上述 2 项都满足要求，无压测压管现场检查评价为合格；任一项不满足，评价为不合格；其他情形可视为基本合格。

（2）现场测试评价。无压测压管灵敏度检验方法采用测压管水位过程线判别法，测压管水位变化与上游水位或下游水位密切相关，可判别测压管为合格；否则可进行注水试验判别测压管灵敏度是否合格。

注水试验法：在水位稳定时进行，试验前先测定管中水位，然后向管内注入清水，若测压管进水段周围为壤土料，注水量相当于每米测压管容积的 3～5 倍；若为砂砾料，则为 5～10 倍。注水后用电测水位计测量水位下降过程并记录，直至恢复到或接近注水前的水位。对于黏壤土，管内水位在 120h 内降至原水位为合格；对于砂壤土或岩体，24h 内降至原水位为合格；对于砂砾土，1～2h 降至原水位或注水后升高不到 3～5m，评价为合格。否则评价为不合格。

（3）无压测压管综合评价。经现场检查与灵敏度试验，全部合格，则无压测压管评价为可靠；灵敏度不合格，则评价为不可靠；其他情形，评价为基本可靠。

4．振弦式渗压计评价方法及标准

渗压计无需进行现场检查，只要进行现场测试，现场测试内容为稳定性和绝缘电阻测试。稳定性测试分为频率测值和温度测值稳定性。

（1）当渗压计稳定性和绝缘性全部合格，可评价为可靠。

（2）稳定性不合格，则评价为不可靠。

（3）其他情形，为基本可靠。

5．评价结果

专业人员对坝基扬压力 16 个测点的有压测压管、左右岸绕坝渗流 10 个测点的无压测压管以及全部 26 个振弦式渗压计按照上述方法和内容进行了现场检查和测试，无压测压管水位过程线见图 3.14（所选数据为 2019 年一整年的绕坝渗流观测数据）。评价结果汇总见表 3.11。

评价结果表明，UP4、UP8、UP13 测点的有压测压管灵敏度测试不合格，具体表现都是开关阀后压力表指针不变，无法记录压力水位变化过程，初步推断压力表损坏。左坝绕坝渗流 UPL1 测点无压测压管灵敏度测试评价不合格，由图 3.14（a）可以看出，UPL1 测点压力水位在 5 月中旬至 7 月上旬期间与上游水位出现完全不相关的变化趋势。26 个振弦式渗压计仅 UP9 测点在现场测试时频率和温度无测值，绝缘电阻测值为 0，初步考虑线路短路；UP3、UP14、UPR1 测点渗压计频率测值评价合格，仅温度测值评价不合格，按照评价标准可评价为基本可靠。总体来说，渗流监测设施可以评价为基本可靠，对部分异常测点需要进一步检查、排除故障。

3.3.2.3　渗流量现场检查与测试评价

1．测点布置

2016 年设计布置了 23 个廊道量水堰，测点布置断面见图 3.15。堰上水头采用美国基康振弦式 4675LV－1 传感器测量，如图 3.16 所示，量程 300mm，精度为 0.01%～0.02%FS。各量水堰水流分别流入 832 廊道两侧的 1 号和 2 号集水井。

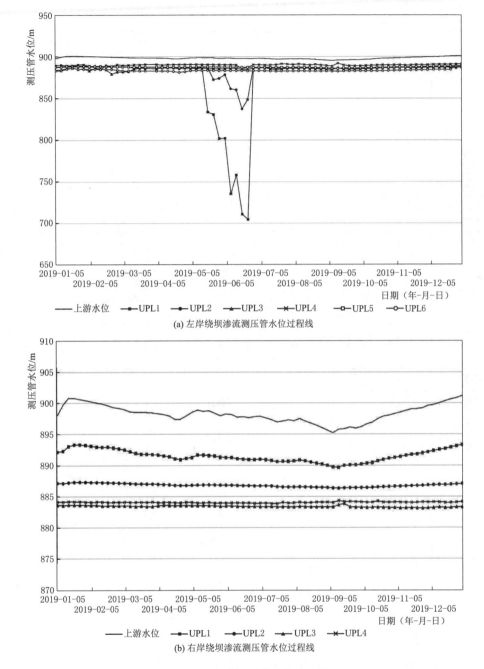

(a) 左岸绕坝渗流测压管水位过程线

(b) 右岸绕坝渗流测压管水位过程线

图 3.14 无压测压管水位过程线

表 3.11 扬压力观测设施现场检查与测试评价结果汇总表

测点编号	有压测压管			无压测压管			渗压计
	现场检查	灵敏度	综合评价	现场检查	灵敏度	综合评价	
UP1	合格	合格	可靠				可靠
UP2	合格	合格	可靠				可靠

测点编号	有压测压管			无压测压管			渗压计
	现场检查	灵敏度	综合评价	现场检查	灵敏度	综合评价	
UP3	合格	合格	可靠				基本可靠
UP4	合格	不合格	不可靠				可靠
UP5	合格	合格	可靠				可靠
UP6	合格	合格	可靠				可靠
UP7	合格	合格	可靠				可靠
UP8	合格	不合格	不可靠				可靠
UP9	合格	合格	可靠				不可靠
UP10	合格	合格	可靠				可靠
UP11	合格	合格	可靠				可靠
UP12	合格	合格	可靠				可靠
UP13	合格	不合格	不可靠				可靠
UP14	合格	合格	可靠				基本可靠
UP15	合格	合格	可靠				可靠
UP16	合格	合格	可靠				可靠
UPR1				合格	合格	可靠	可靠
UPR2				合格	合格	可靠	可靠
UPR3				合格	合格	可靠	可靠
UPR4				合格	合格	可靠	可靠
UPL1				合格	不合格	不可靠	可靠
UPL2				合格	合格	可靠	可靠
UPL3				合格	合格	可靠	可靠
UPL4				合格	合格	可靠	可靠
UPL5				合格	合格	可靠	可靠
UPL6				合格	合格	可靠	可靠

2. 量水堰评价方法及标准

(1) 现场检查评价。量水堰现场检查应该着重进行堰槽和堰板的检查。

1) 堰槽现场检查评价：

a. 槽底和侧墙不漏水，除降雨外，所有集水和量水设施均不受其他客水干扰，评价为合格；否则评价为不合格。

b. 量水堰槽段位于排水沟直线段，采用矩形断面，两侧墙应平行和铅直，堰槽内无淤积，无杂物，评价为合格；否则评价为不合格。

c. 堰槽段长度应大于堰上最大水头7倍，且其总长不小于2m，其中堰板上游长度不

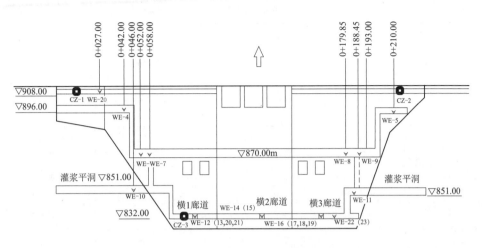

图 3.15 量水堰测点布置断面图

小于 1.5m，下游长度不小于 0.5m，评价为合格；否则评价为基本合格。

d. 上述内容全部合格，量水堰槽现场检查评价为合格；任一项不合格时，评价为不合格；其他情形为基本合格。

2）堰板现场检查评价：

a. 堰板型式与所测的渗流量大小相适应，评价为合格；否则评价为不合格。

b. 堰板应平正和水平，与堰槽两侧墙和来水流向垂直，评价为合格；否则评价为不合格。

c. 堰板过流堰口倒角为 45°，堰口高的一面为上游侧，堰口水流形态应为自由式，评价为合格；否则评价为基本合格。

d. 上述内容全部合格，量水堰板现场检查评价为合格；任一项不合格时，评价为不合格；其他情形为基本合格。

图 3.16 美国基康振弦式 4675LV-1 传感器

（2）现场测试评价。由于采用振弦式传感器测量堰上水头，因此现场测试内容参考前述内容。

（3）量水堰综合评价。量水堰槽、板现场检查及振弦式仪器现场测试全部合格，则量水堰评价为可靠；有任意一项不合格，则评价为不可靠；其他情形视为基本可靠。

3. 评价结果

现场检查发现，WE1、WE2 测点量水堰已由于某种原因拆除不再使用，于是专业人员对剩余 21 个量水堰测点按照上述方法和内容进行了现场检查和测试。评价结果汇总见表 3.12。

表 3.12　　　　　　　　　　　量水堰现场检查与测试评价结果汇总表

测点编号	堰槽现场检查	堰板现场检查	现场测试	综合评价
WE3	合格	合格	合格	可靠
WE4	合格	合格	合格	可靠
WE5	合格	合格	合格	可靠
WE6	合格	合格	合格	可靠
WE7	合格	合格	合格	可靠
WE8	合格	合格	合格	可靠
WE9	合格	合格	合格	可靠
WE10	合格	合格	合格	可靠
WE11	合格	合格	合格	可靠
WE12	合格	合格	合格	可靠
WE13	合格	合格	合格	可靠
WE14	合格	合格	合格	可靠
WE15	合格	合格	不合格	不可靠
WE16	合格	合格	合格	可靠
WE17	合格	合格	合格	可靠
WE18	合格	合格	合格	可靠
WE19	合格	合格	合格	可靠
WE20	合格	合格	合格	可靠
WE21	合格	合格	合格	可靠
WE22	合格	合格	合格	可靠
WE23	合格	合格	合格	可靠

　　由评价结果可知，量水堰除已拆除的 WE1、WE2 外，其余量水堰现场检查均合格，堰槽、板布置合理，满足要求，堰上水头测量传感器只有 WE15 测点在现场测试时评价为不合格，表现为无法测出读数，需要进一步找明原因。

3.3.3　环境量监测设施现场检查与测试

　　资料描述的汾河二库设有的环境量监测项目有雨量、气温、水位、气压等，但是在现场检查过程中，管理处工作人员告知，汾河二库现有的降雨、气温、气压等基本都是调用的气象局的数据，位于管理处顶楼的一套设施由于损坏数据异常已经弃用，而上游库水位除水尺人工观测外，应该还有自动水位监测设施，检测人员现场也没看到，只能通过上游库水位历史测值评价来反映仪器的可靠性。因此,对于汾河二库现有的环境量监测设施不作评价,建议重建环境量监测站。

3.4 历 史 测 值 评 价

3.4.1 评价标准

历史测值评价宜采用监测的物理量进行评价,以过程线分析为主,可结合相关性图、空间分布图、特征值分析等方法。

历史测值评价宜采用测值合理性与规律性分析的方法,评价标准应符合下列规定:

(1)数据变化合理,过程线呈规律性变化,无系统误差或虽有系统误差但能够排除,评价为可靠。

(2)数据变化基本合理,过程线能呈现出明确的规律,仪器可能存在系统误差但是可修正,评价为基本可靠。

(3)数据变化不合理,过程线无规律或系统误差频现,难以处理修正,测值无法分析和利用,评价为不可靠。

3.4.2 评价结果

采用过程线分析法对汾河二库安全监测系统历史测值进行评价,分析人员提取了汾河二库 2019 年 1 月 1 日—12 月 31 日实测数据,绘制了过程线。按不同监测项目类型汇总如下。

3.4.2.1 测缝计历史测值评价

测缝计历史测值过程线见图 3.17。

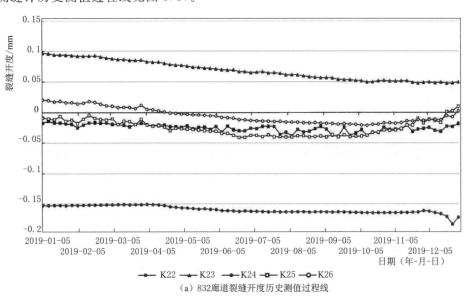

(a)832 廊道裂缝开度历史测值过程线

图 3.17（一） 测缝计历史测值过程线

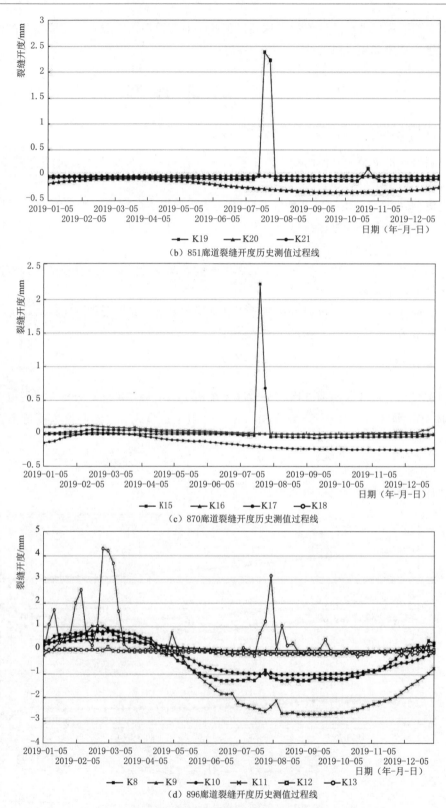

（b）851廊道裂缝开度历史测值过程线

（c）870廊道裂缝开度历史测值过程线

（d）896廊道裂缝开度历史测值过程线

图 3.17（二）　测缝计历史测值过程线

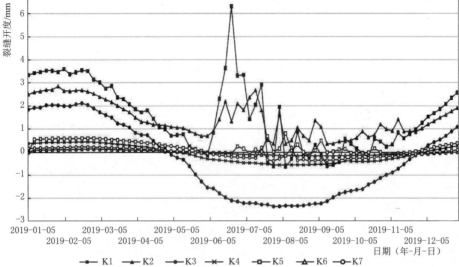

（e）908廊道裂缝开度历史测值过程线

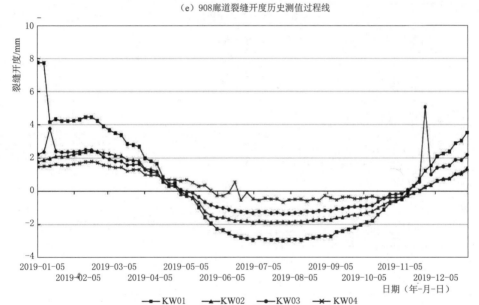

（f）坝体外裂缝开度历史测值过程线

图3.17（三）　测缝计历史测值过程线

　　分析可知，部分测缝计数据有丢失现象，可能是自动化采集装置由于停电或某些特殊情况停止采集数据导致，仅从考虑已获得测值的合理性和规律性的角度出发，将各测缝计历史测值评价结果汇总于表3.13。

表 3.13　　　　　　　　　　测缝计历史测值评价结果汇总表

测点编号	特 征 描 述	评价结果
K1	6月前变化规律较好，随后数据在不合理范围内突跳	不可靠
K2	6月前变化规律较好，随后数据在不合理范围内突跳	不可靠

测点编号	特 征 描 述	评价结果
K3	变化规律较好，基本呈现热胀冷缩规律	可靠
K4	变化规律较好，基本呈现热胀冷缩规律	可靠
K5	除 8 月数据小范围突跳外，全年变化基本符合规律	基本可靠
K6	变化规律较好，基本呈现热胀冷缩规律	可靠
K7	除 8 月数据小范围突跳外，全年变化基本符合规律	基本可靠
K8	8 月初测值突跳，可剔除，全年变化规律较好	可靠
K9	变化规律很好	可靠
K10	变化规律较好	可靠
K11	测值偶尔有突跳和小范围波动，全年变化规律基本合理	基本可靠
K12	10 月初测值突跳，可剔除，全年变化规律较好	可靠
K13	数据突跳频繁，无规律	不可靠
K14	测值合理，变化规律较好	可靠
K15	测值合理，基本没有变化	可靠
K16	测值合理，变化规律较好	可靠
K17	测值合理，基本没有变化	可靠
K18	测值合理，基本没有变化	可靠
K19	8 月初有小幅度波动，可剔除，测值基本稳定且合理	可靠
K20	测值稳定且合理	可靠
K21	测值稳定且合理	可靠
K22	测值合理、规律性好	可靠
K23	测值合理、规律性好	可靠
K24	测值合理、规律性好	可靠
K25	测值合理、规律性好	可靠
K26	测值合理、规律性好	可靠
KW01	1 月测值波动大，10 月初和 12 月初出现不合理突跳，能呈现出规律	基本可靠
KW02	测值合理、规律性好	可靠
KW03	1 月测值波动大，能呈现出规律	基本可靠
KW04	6 月、7 月测值小幅度波动，整体呈现规律性	基本可靠

3.4.2.2　坝基扬压力历史测值评价

坝基扬压力历史测值过程线见图 3.18。

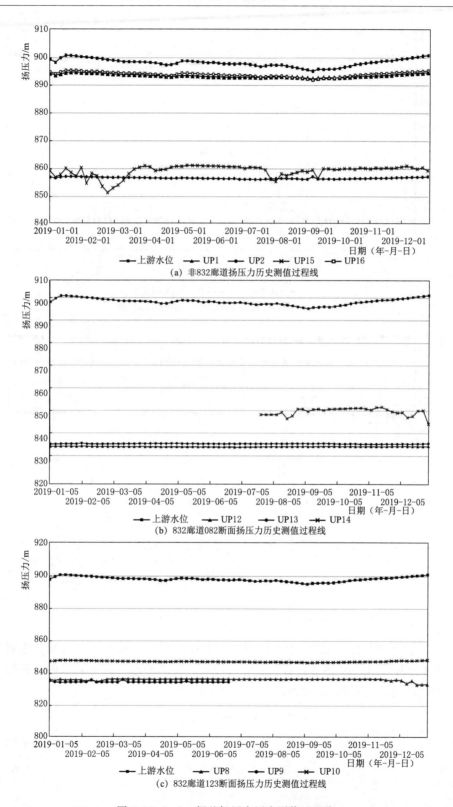

(a) 非832廊道扬压力历史测值过程线

(b) 832廊道082断面扬压力历史测值过程线

(c) 832廊道123断面扬压力历史测值过程线

图 3.18（一） 坝基扬压力历史测值过程线

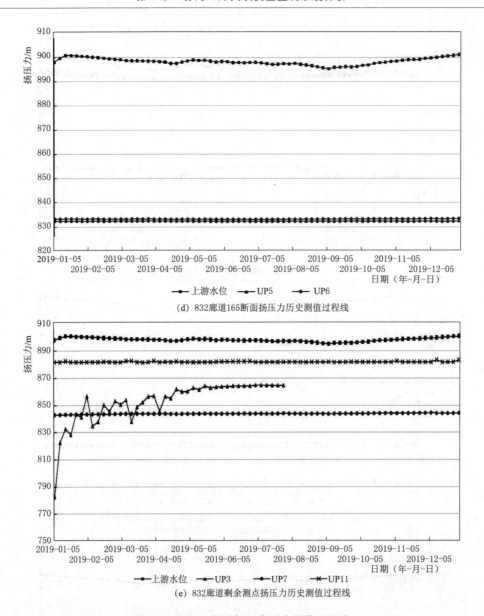

(d) 832廊道165断面扬压力历史测值过程线

(e) 832廊道剩余测点扬压力历史测值过程线

图 3.18 (二)　坝基扬压力历史测值过程线

由以上过程线图可知，部分坝基扬压力测点存在数据大面积丢失现象，主要集中在 UP3、UP8、UP9、UP14 测点，数据丢失率较高。仅从考虑已获得测值的合理性和规律性的角度出发，将各扬压力历史测值评价结果汇总于表 3.14。

表 3.14　　　　　　　　　　扬压力历史测值评价结果汇总表

测点编号	特　征　描　述	评价结果
UP1	测值变化与上游水位变化关系密切	可靠
UP2	测值变化与上游水位变化关系密切	可靠

续表

测点编号	特　征　描　述	评价结果
UP3	测值突跳，无规律	不可靠
UP4	测值突跳严重，无规律	不可靠
UP5	测值稳定且合理	可靠
UP6	测值稳定且合理	可靠
UP7	测值变化与上游水位变化关系密切	可靠
UP8	测值稳定且合理	可靠
UP9	前半年测值稳定且合理，7月以后测值异常、不合理	不可靠
UP10	测值稳定且合理	可靠
UP11	测值稳定且合理	可靠
UP12	测值稳定且合理	可靠
UP13	测值稳定且合理	可靠
UP14	测值不合理，无变化规律	不可靠
UP15	测值略有波动，但是总体变化符合上游水位变化规律	基本可靠
UP16	测值变化与上游水位变化关系密切	可靠

3.4.2.3　绕坝渗流历史测值评价

绕坝渗流历史测值过程线见图 3.19。

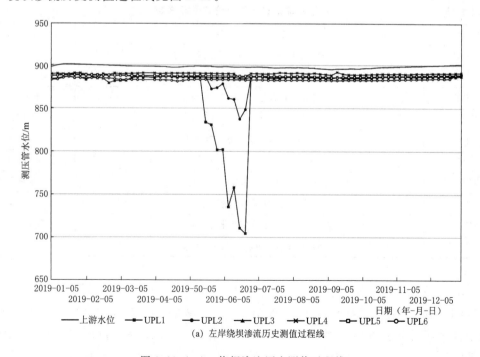

(a) 左岸绕坝渗流历史测值过程线

图 3.19（一）　绕坝渗流历史测值过程线

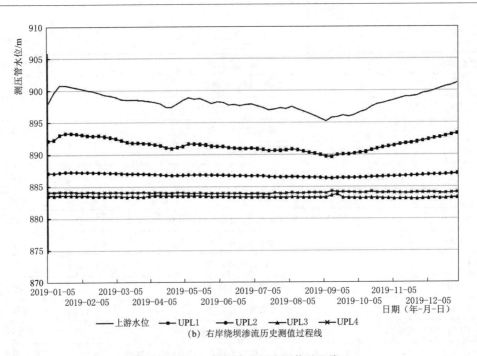

（b）右岸绕坝渗流历史测值过程线

图 3.19（二）　绕坝渗流历史测值过程线

　　由以上过程线图可知，所有绕坝渗流测点在 8 月底到 10 月上旬数据大面积丢失。仅从考虑已获得测值的合理性和规律性的角度出发，将各绕坝渗流历史测值评价结果汇总于表 3.15。

表 3.15　　　　　　　　　　绕坝渗流历史测值评价结果汇总表

测点编号	特　征　描　述	评价结果
UPR1	测值变化与上游水位变化关系密切	可靠
UPR2	测值变化与上游水位变化有一定关系	基本可靠
UPR3	测值基本不变，与上游水位无关	不可靠
UPR4	测值基本不变，与上游水位无关	不可靠
UPL1	测值 5 月至 7 月有不合理突跳	不可靠
UPL2	测值 5 月至 7 月有不合理突跳	不可靠
UPL3	测值变化与上游水位有一定关系	基本可靠
UPL4	测值变化与上游水位有一定关系	基本可靠
UPL5	测值变化与上游水位变化有一定关系	基本可靠
UPL6	测值变化与上游水位变化关系密切	可靠

3.4.2.4　渗流量历史测值评价

　　WE1、WE2 测点已拆除，WE3、WE4、WE5、WE14 以及 WE15 测点测值为负数，明显不合理，无分析价值，评价为不可靠，剩余 16 个测点渗流量历史测值过程线见图 3.20。

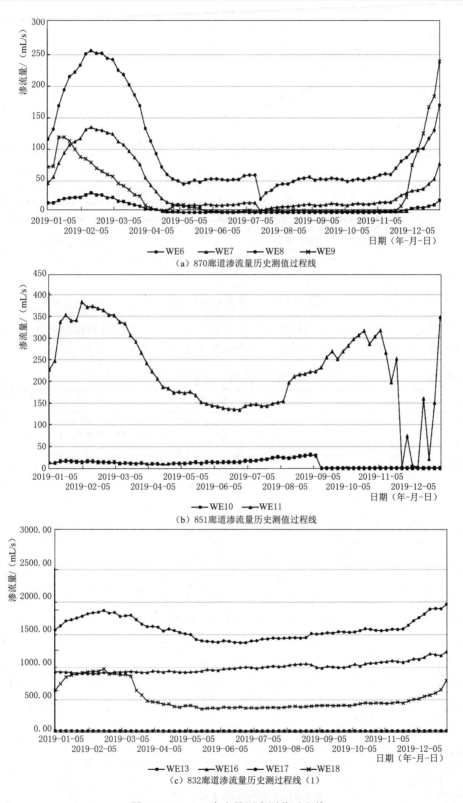

（a）870廊道渗流量历史测值过程线

（b）851廊道渗流量历史测值过程线

（c）832廊道渗流量历史测值过程线（1）

图 3.20（一） 渗流量历史测值过程线

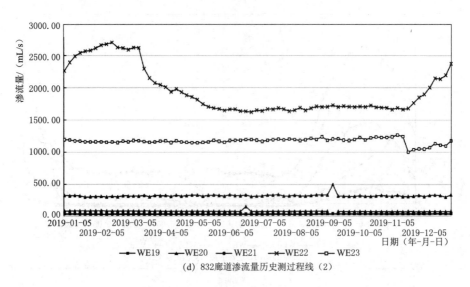

(d) 832廊道渗流量历史测过程线（2）

图 3.20（二）　渗流量历史测值过程线

由以上过程线图可知，渗流量数据存在丢失现象。仅从考虑已获得测值的合理性和规律性的角度出发，将各渗流量历史测值评价结果汇总于表 3.16。

表 3.16 　　　　　　　　渗流量历史测值评价结果汇总表

测点编号	特　征　描　述	评价结果
WE3	测值不合理，出现负值	不可靠
WE4	测值不合理，出现负值	不可靠
WE5	测值不合理，出现负值	不可靠
WE6	测值合理，规律明显	可靠
WE7	测值合理，规律明显	可靠
WE8	测值合理，规律明显	可靠
WE9	测值合理，规律明显	可靠
WE10	测值变化与其他测点变化基本一致	基本可靠
WE11	9 月开始测值异常，出现突变和波动	不可靠
WE12	测值变化规律与同层其他测点基本一致	基本可靠
WE13	测值变化规律与同层其他测点基本一致	基本可靠
WE14	测值不合理，出现负值	不可靠
WE15	测值不合理，出现负值	不可靠
WE16	测值变化规律与同层其他测点基本一致	基本可靠
WE17	测值变化稳定	可靠
WE18	上半年测值波动较大	不可靠
WE19	测值变化稳定	可靠
WE20	测值变化规律与同层其他测点基本一致	基本可靠

续表

测点编号	特 征 描 述	评价结果
WE21	测值变化规律与同层其他测点基本一致	基本可靠
WE22	测值变化稳定	可靠
WE23	测值变化规律与同层其他测点基本一致	基本可靠

3.4.2.5 表面变形历史测值评价

大坝下游表面 12 个变形测点的历史测值过程线见图 3.21。

由以上过程线可以看出，全站仪表面变形监测系统数据丢失较多，从已有数据来看，X 方向水平位移变化似乎与水位有关，高水位向左岸位移，低水位向右岸位移；Y 方向水平位移变化似乎与温度有关，低温向上游位移，高温向下游位移；Z 方向垂直位移与温度变化关系紧密，低温收缩、高温抬升。但从数据波动幅度来看，位移数据精度不高，有的

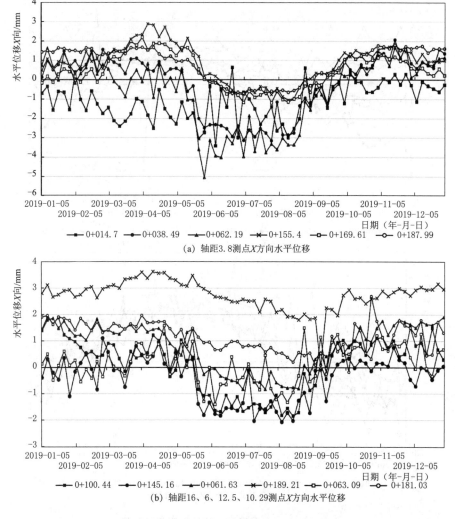

图 3.21（一） 变形测点的历史测值过程线

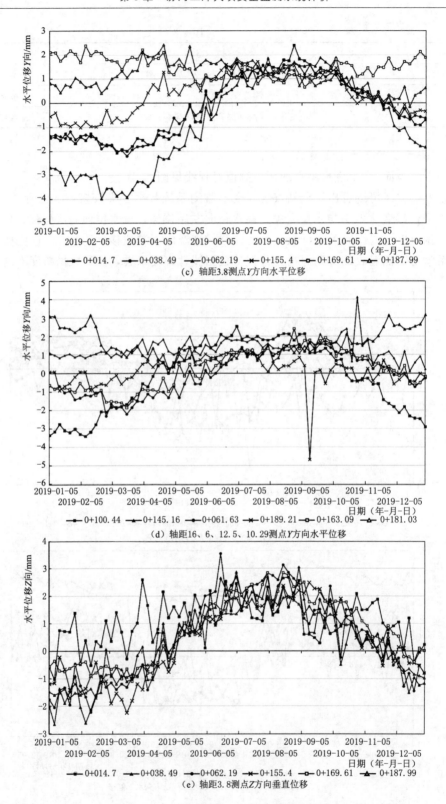

(c) 轴距3.8测点Y方向水平位移

(d) 轴距16、6、12.5、10.29测点Y方向水平位移

(e) 轴距3.8测点Z方向垂直位移

图 3.21（二）　变形测点的历史测值过程线

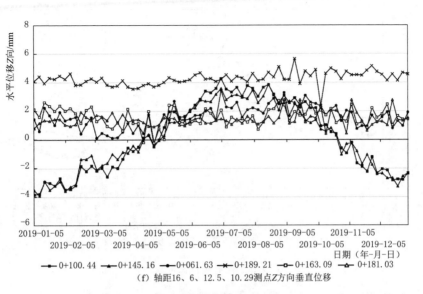

（f）轴距16、6、12.5、10.29测点Z方向垂直位移

图 3.21（三） 变形测点的历史测值过程线

相邻几天变幅能达到3~4mm，虽然大体上能看出上述变化规律，但是变化规律与混凝土坝的特性不完全符合，这也验证了现场检查与测试得出的监测精度不满足要求的结论，因此评价结果为不可靠。

3.4.2.6 静力水准装置历史测值评价

静力水准装置在现场检查与测试时发现测点桶内缺液、管路中有气泡等不符合要求的现象，事实也证明静力水准装置基本处于弃用状态，也无近期的监测数据，因此不作评价。

3.4.2.7 垂线装置历史测值评价

908廊道左侧倒垂装置现场检查与测试不可靠，也无历史数据，870廊道左右坝正倒垂装置历史测值过程线见图3.22。

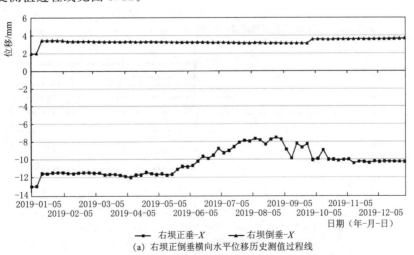

（a）右坝正倒垂横向水平位移历史测值过程线

图 3.22（一） 870廊道左右坝正倒垂装置历史测值过程线

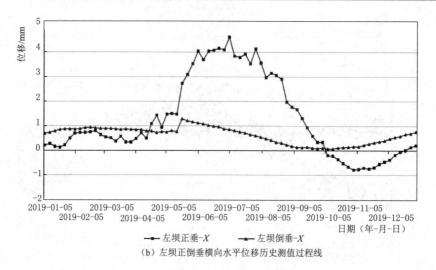

（b）左坝正倒垂横向水平位移历史测值过程线

图 3.22（二） 870 廊道左右坝正倒垂装置历史测值过程线

由以上过程线图可知，870 廊道左右侧正倒垂装置数据收集率较好，从测值的合理性和规律性的角度出发，将四个测点横向水平位移历史测值评价结果汇总于表 3.17。

表 3.17   垂线装置历史测值评价结果汇总表

测　点	特　征　描　述	评价结果
左坝正锤	波动大，规律不明显	不可靠
左坝倒垂	有一次数据突变，呈微弱周期性变化	基本可靠
右坝正锤	一处突变，波动较大，规律不明显	不可靠
右坝倒垂	一处突变，整体稳定无变化	可靠

3.4.2.8 引张线装置历史测值评价

引张线装置数据丢失较为严重，数据较为完整的相关测点历史测值过程线如图 3.23 所示。

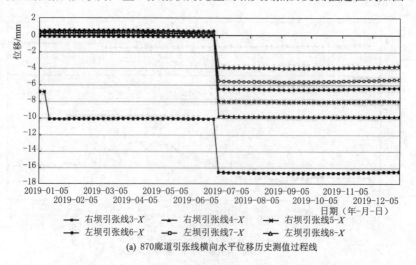

（a）870 廊道引张线横向水平位移历史测值过程线

图 3.23（一） 引张线横向水平位移历史测值过程线

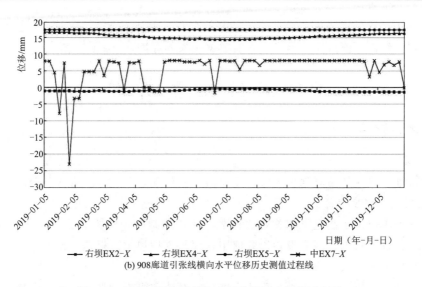

(b) 908廊道引张线横向水平位移历史测值过程线

图 3.23（二） 引张线横向水平位移历史测值过程线

从以上过程线可以看出，引张线测点存在数据不健全情况，在剩下的数据较全的测点中，870 廊道的 6 个测点在 7 月初都发生了一次幅度大小差不多的突变，突变前后数据稳定性都较好，需要查找突变原因，或许需要重新检定，该测值序列不可靠。908 廊道四个测点中，EX7 测点数据波动大，EX4、EX5 测点测值偏大，只有 EX2 测值可靠，反映出廊道横向几乎没有位移变化。考虑有效测点较少，且历史测值可靠度较低，建议对两条引张线重新调试、维护，以获得更精准的监测数据。

3.4.2.9 环境量历史测值评价

由于现场检查发现汾河二库气象观测站已弃用，气温、降雨、气压等环境量都是调用的气象局数据，因此没有进行历史测值评价的必要。上游水位历史测值过程线如图 3.24 所示。

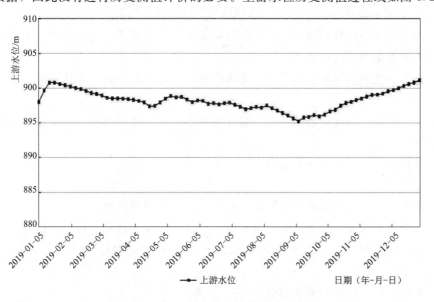

图 3.24 上游水位历史测值过程线

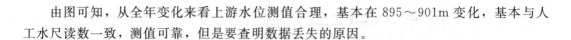

由图可知，从全年变化来看上游水位测值合理，基本在 895～901m 变化，基本与人工水尺读数一致，测值可靠，但是要查明数据丢失的原因。

3.5　运行维护评价

3.5.1　运行管理

3.5.1.1　评价标准

运行管理评价应从监测规章制度、专业监测人员配置及其岗位责任制等方面进行。

1. 监测规章制度评价

检查管理单位是否制定了相关规章制度，且规章制度理应覆盖巡视检查、观测内容、方法和要求、资料整编、观测设备检验使用管理与维护规定。根据其完整性与合理性，按以下标准给出评价结果：

（1）规章制度覆盖全面、内容具体合理、针对性和操作性强，评价为合格。

（2）规章制度覆盖不全或存在明显缺陷，或不符合国家（行业）相关规定，或针对性和操作性不强，评价为不合格。

（3）其他情形，评价为基本合格。

2. 专业监测人员配置评价

重点检查观测人员数量、能力、专业配置，按以下标准给出评价结果：

（1）人员数量满足安全监测工作需要、专业配置合理、人员具备相应能力，评价为合格。

（2）人员数量不满足安全监测工作需要，或专业配置不合理、或人员不具备相应能力，评价为不合格。

（3）其他情形，评价为基本合格。

3. 岗位责任制评价

该工作主要考查岗位职责分工及责任、从业人员业务素质、工作流程、考核目标等方面，按以下标准给出评价结果：

（1）分工责任明确、从业人员素质要求合理、工作流程合适、考核目标明确，评价为合格。

（2）分工责任不明确，或从业人员素质要求不合理，或工作流程不合适，或考核目标不明确，评价为不合格。

（3）其他情形，评价为基本合格。

4. 运行管理综合评价

综合以上三项检查工作的评价结果，给出运行管理最终评价：

（1）监测规章制度、专业监测人员配置、岗位责任制三项均合格，评价为合格。

（2）监测规章制度、专业监测人员配置、岗位责任制中任一项不合格，评价为不合格。

（3）其他情形，评价为基本合格。

3.5.1.2 评价结果

　　汾河二库管理局为做好汾河二库工程运行管理工作，规范各级管理人员的行为，保证各项工作顺利完成，2014 年年初成立水库运行工作组，对大坝进行监测、运行、管理。运行组从自身实际出发，建立健全了较为完整的管理规章制度，共分为岗位职责、控制运用制度、检查观测制度、维修养护制度、安全管理制度、档案管理制度、水政监察制度、综合管理制度、工程管理技术规程、管理办法、实施细则等 11 大类 201 条，内容包括人事劳动制度、学习培训制度、请示报告制度、检查报告制度、工作总结制度、工作大事记制度等，并根据实际变化情况，对规章制度进行修订和完善，经常组织职工认真学习各项规章制度，并定期进行培训，以便有效的贯彻执行。

　　人员配置方面，汾河二库管理机构自 2014 年 12 月实行了全员竞聘上岗，每年有针对性地对各岗位的职工进行技能、安全培训。

　　按照评价标准，监测规章制度、专业监测人员配置、岗位责任制均评价为合格，运行管理评价结果为合格。

3.5.2　观测与维护

3.5.2.1　评价标准

　　观测与维护评价内容应包括观测评价和维护评价。

　　1. 观测评价

　　主要考查观测频次和观测成果可溯源性。

　　（1）观测频次满足 SL 551 或 SL 601 的要求，评价为合格；否则，评价为不合格。

　　（2）观测成果可溯源性评价内容应包括原始记录、观测方法、计算参数与公式、基准值、观测人员签字、仪器仪表检定信息完整性等。评价内容可全部可溯源，评价为合格；评价要素缺原始记录或计算参数或基准值，评价为不合格；其他情形，评价为基本合格。

　　测量频次、观测可溯源性两项均合格，评价为合格；测量频次、观测可溯源性中任一项不合格，评价为不合格；其他情形，评价为基本合格。

　　2. 维护评价

　　维护对象应包括监测设施和测量仪器两部分。要从维护措施有效性、维护工作时效性、易损件的备品备件齐全性等方面对管理单位的维护水平作出评价。

　　（1）维护措施有效性、设施维护时效性、备品备件齐全性三项中，两项合格、剩余一项基本合格以上，评价为合格。

　　（2）维护措施不合格或设施维护时效性和备品备件齐全性均不合格时，评价为不合格。

　　（3）其他情形，评价为基本合格。

　　3. 观测与维护综合评价

　　观测与维护两项均合格，评价为合格；观测与维护任一项不合格，评价为不合格；其他情形，评价为基本合格。

3.5.2.2　评价结果

　　目前，汾河二库各安全监测设施基本一天一测，满足《混凝土坝安全监测技术规范》

(SL 601—2013) 中对监测频次的要求。所有监测数据按月备份，形成月度、季度分析报告，计算参数与公式、基准值、观测人员签字、仪器仪表检定信息均完整，观测评价结果为合格。

经监测仪器现场检查与测试，结合历史测值评价发现，少部分监测仪器出现故障已有时日，但并未得到及时的维护或更换因此维护评价结果为基本合格。

综上所述，观测与维护评价为基本合格。

3.5.3　资料整编分析

3.5.3.1　评价标准

资料整理评价应包括监测设施档案资料、监测资料整编和初步分析成果的评价。

1. 监测设施档案资料评价

监测设施档案资料评价应主要检查监测数据、巡视检查数据、监测设施出厂说明书及合格证、埋设安装考证资料、监测设施更换、检查维护等资料。按以下标准给出评价结果：

（1）监测设施档案资料完整齐全，评价为合格。

（2）监测数据、巡视检查数据、埋设安装考证资料、监测设施更换任一项缺失，评价为不合格。

（3）其他情形，评价为基本合格。

2. 监测资料整编评价

监测资料整编评价应从监测数据可靠性甄别、电测物理量换算工程物理量公式与方法、统计表、过程线以及巡视检查资料整理等方面按以下标准给出评价结果：

（1）监测资料整编完整齐全，评价为合格。

（2）监测数据未进行可靠性甄别或电测物理量换算工程物理量公式与方法不准确，评价为不合格。

（3）其他情形，评价为基本合格。

3. 初步分析成果评价

监测资料初步分析成果评价应包括分析评价结论、存在的问题及改进建议评价。按以下标准给出评价结果：

（1）监测数据分析评价结论与存在问题准确、改进建议合理，评价为合格。

（2）监测数据分析评价结论或存在的问题不准确，评价为不合格。

（3）其他情形，评价为基本合格。

4. 资料整编分析综合评价

综合以上三项检查工作的评价结果，给出资料整编分析最终评价：

（1）监测设施档案资料、监测资料整编、初步分析全部合格，评价为合格。

（2）监测设施档案资料，或监测资料整编，或初步分析不合格，评价为不合格。

（3）其他情形，评价为基本合格。

3.5.3.2　评价结果

经前期资料收集，汾河二库安全监测系统相关资料齐全，监测数据一月一备份，并且会有专人进行数据处理，最终形成过程线图和月报、季报以及年报，根据过程线以及特征值分析结果，在分析报告中会指出问题所在，但似乎在报告中对相关问题的改进建议呈现的很少，因此监测设施档案资料和监测资料整编评价为合格，监测资料初步分析成果评价为基本合格。

3.5.4 运行维护综合评价

1. 评价标准

（1）运行管理评价为基本合格以上，观测与维护评价为合格，资料整编评价基本合格以上，评价为合格。

（2）运行管理评价为不合格，或观测与维护评价为不合格，或资料整编评价为不合格，评价为不合格。

（3）其他情形，评价为基本合格。

2. 评价结果

运行维护评价为合格，观测与维护评价为合格，资料整编分析评价为基本合格。因此，运行维护评价的最终结果基本合格。建议加强维护工作的时效性，发现问题要及时提出改进意见，尽早自行或者委托有资质的相关单位进行设施维护、检修、更换，从而保证监测数据的可靠性和大坝的安全运行稳定性。

3.6 自动化系统评价

3.6.1 评价方法及标准

监测自动化系统评价内容应包括数据采集装置、计算机及通信设施、信息采集与管理软件、运行条件、运行维护等。

1. 数据采集装置

数据采集装置评价应检查装置功能、计算平均无故障时间和数据采集缺失率、测量准确度。

（1）功能评价应按照以下标准：

1）具备巡测、选测、定时测量、通信、数据存储、掉电保护、防雷、抗干扰、防潮等主要功能和自检、自诊断、人工测量接口、防腐蚀等次要功能，评价为合格。

2）具备主要功能，缺少次要功能，评价为基本合格。

3）缺少主要功能，评价为不合格。

（2）平均无故障时间评价宜根据数据采集装置维护记录和测量记录，统计数据采集装置内各模块的正常工作时间和出现故障次数，平均无故障时间为

$$MTBF = \sum_{i=1}^{n} t_i \bigg/ \sum_{i=1}^{n} r_i \tag{3.1}$$

式中：t_i 为运行期内，数据采集装置内第 i 模块的工作时数；r_i 为运行期内，数据采集装置内第 i 模块出现的故障次数；n 为数据采集装置内单元总数。

平均无故障时间 $MTBF$ 不小于 6300h，评价为合格；平均无故障时间 $MTBF$ 小于

6300h，评价为不合格。

（3）数据采集缺失率评价宜根据测量记录，统计数据采集装置各测量通道的应测得的数据个数和未能测得的数据个数，数据采集缺失率为

$$\eta = \sum_{i=1}^{n} \rho_i \Big/ \sum_{i=1}^{n} \omega_i \times 100\% \qquad (3.2)$$

式中：η 为数据采集缺失率；ρ_i 为第 i 通道未能测得的数据个数；ω_i 为第 i 通道应测得的数据个数；n 为数据采集装置通道总数。

数据采集缺失率 η 不大于 2%，评价为合格；数据采集缺失率 η 大于 2%，评价为不合格。

（4）测量准确度评价宜采用读数仪比测方法，取相同时间、相同测次的数据采集装置测值序列和读数仪测值序列，标准差 σ 和比测差值 δ 分别为

$$\sigma = \sqrt{\sigma_m^2 + \sigma_r^2} \qquad (3.3)$$

式中：σ_m 为数据采集装置测量标准差；σ_r 为读数仪测量标准差。

$$\delta = |X_m - X_r| \qquad (3.4)$$

式中：δ 为比测差值；X_m 为数据采集装置测值；X_r 为读数仪测值。

比测差值 δ 不大于 2σ，评价为合格；比测差值 δ 大于 2σ，评价为不合格。

（5）数据采集装置按如下标准给出评价结果：

1）功能、平均无故障时间、数据采集缺失率、准确度均为合格，评价为合格。

2）功能为基本合格，平均无故障时间、数据采集缺失率、准确度均为合格，评价为基本合格。

3）其他情形，评价为不合格。

2. 计算机及通信设施

计算机及通信设施评价内容应包括运行状态、掉电保护、平均无故障时间，按如下标准给出评价结果：

（1）运行状态评价采用现场检查法，测试计算机及通信设施能否正常运行。设备设施能够正常运行，评价为合格。设备设施不能正常运行，评价为不合格。

（2）掉电保护评价也采用现场检查法，测试计算机的不间断电源能否正常运行。计算机有不间断电源且正常运行，评价为合格。计算机没有不间断电源，或不间断电源不能正常运行，评价为不合格。

（3）平均无故障时间评价宜根据维护记录，统计计算机及通信设施的正常工作时间和出现故障次数，平均无故障时间为

$$MTBF = \sum_{i=1}^{n} t_i \Big/ \sum_{i=1}^{n} r_i \qquad (3.5)$$

式中：t_i 为运行期内第 i 台计算机及通信设施的工作时数；r_i 为运行期内第 i 台计算机及通信设施出现的故障次数；n 为计算机及通信设施总数。

平均无故障时间 $MTBF$ 不小于 6300h，评价为合格；平均无故障时间 $MTBF$ 小于 6300h，为不合格。

（4）计算机及通信设施按如下标准给出评价结果：

1）运行状态、掉电保护、评价无故障时间均为合格，评价为合格。

2）其他情形，评价为不合格。

3. 信息采集与管理软件

信息采集与管理软件评价内容应包括功能完备性、功能正确性和可操作性。

（1）功能完备性评价通过查阅软件说明书、用户手册等资料，并运行信息采集与管理软件，检查其是否具备相关功能，评价标准如下：

1）具备在线监测、人工输入、信息查询、图表制作、离线分析和异常报警等主要功能和数据备份、系统管理等次要功能，评价为合格。

2）具备主要功能，缺少次要功能，评价为基本合格。

3）缺少主要功能，评价为不合格。

（2）功能正确性评价通过运行信息采集与管理软件，检查其输出结果是否存在错误，评价标准如下：

1）所有功能正确，评价为合格。

2）主要功能正确，次要功能存在错误，评价为基本合格。

3）主要功能存在错误，评价为不合格。

（3）可操作性评价通过运行信息采集与管理软件，采用随机选择、任意输入方式，操作各项功能，检查各项功能是否能正常使用，评价标准如下：

1）所有功能均能正常使用，评价为合格。

2）主要功能能正常使用，次要功能不能正常使用，评价为基本合格。

3）主要功能不能正常使用，评价为不合格。

（4）信息采集与管理软件按如下标准给出评价结果：

1）功能完备性为基本合格以上，功能正确性、可操作性均为合格，评价为合格。

2）功能完备性为基本合格以上，功能正确性、可操作性均为基本合格以上且不同时为合格，评价为基本合格。

3）其他情形，评价为不合格。

4. 运行条件

运行条件评价内容包括温度与湿度、工作电源、电源防雷和接地网。

（1）温度与湿度评价宜通过查阅当地气象资料，检查温度与湿度保障设备性能是否满足要求，评价标准应符合下列规定：

1）监测站温度为 $-10\sim45℃$，特殊地区温度为 $-25\sim50℃$，相对湿度小于等于 95%，监测中心站温度为 $15\sim35℃$，相对湿度小于等于 85%，评价为合格。

2）其他情形，评价为不合格。

（2）工作电源评价采用现场检测工作电源及其频率方法，评价标准应符合下列规定：

1）电压 $220V\pm22V$ 或 $36V\pm3.6V$，频率为 $50Hz\pm1Hz$，评价为合格。

2）其他情形，评价为不合格。

（3）电源防雷评价标准应符合下列规定：

1）电源采用防雷措施且运行正常，抗瞬态浪涌能力满足：防雷电感应为 $500\sim$

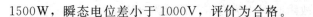

1500W，瞬态电位差小于 1000V，评价为合格。

2）其他情形，评价为不合格。

（4）接地网评价采用现场测量接地电阻方法，评价标准应符合下列规定：

1）监测站接地电阻不大于 10Ω，监测中心站接地电阻不大于 4Ω，评价为合格；

2）其他情形，评价为不合格。

（5）运行条件按如下标准给出评价结果：

1）温度与湿度、工作电源压、电源防雷、接地网电阻均为合格，评价为合格。

2）温度与湿度为不合格，工作电压、电源防雷、接地网电阻均为合格，评价为基本合格。

3）其他情形，评价为不合格。

5. 运行维护

运行维护评价内容包括数据备份、时钟校正、比测、备品备件、设备检查和维护。

（1）每个月备份数据 1 次以上，评价为合格；其他情形，评价为不合格。

（2）每 3 个月校正时钟 1 次以上，评价为合格；其他情形，评价为不合格。

（3）每年采用读数仪比测 1 次以上，评价为合格；其他情形，评价为不合格。

（4）主要备品备件齐全，评价为合格；主要备品备件不齐全，评价为不合格。

（5）每 3 个月进行设备检查和维护 1 次以上，评价为合格；其他情形，评价为不合格。

（6）运行维护按如下标准给出评价结果：

1）数据备份、时钟校正、比测、备品备件、设备检查和维护均为合格，评价为合格。

2）数据备份、设备检查和维护均为合格，时钟校正、比测、备品备件中有不合格项，评价为基本合格。

3）其他情形，评价为不合格。

6. 自动化系统评价

结合上述分项评价结果，自动化系统按如下标准给出评价结果：

1）数据采集装置、计算机与通信设施、信息采集与管理软件、运行条件均为合格，运行维护为基本合格以上，评价为合格。

2）数据采集装置、信息采集与管理软件均为基本合格以上，计算机与通信设施为合格，运行条件为基本合格，评价为基本合格。

3）其他情形，评价为不合格。

3.6.2 评价结果

按照上述评价方法，对汾河二库的自动化监测系统进行了现场检查与测试。所得结果为数据采集装置不合格、计算机及通信设施合格、信息采集与管理软件合格、运行条件合格、运行维护基本合格。主要问题为：

（1）3 个自动化数据采集装置，经计算，平均无故障时间低于 6300h，数据采集缺失率远大于 2%。

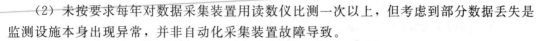

（2）未按要求每年对数据采集装置用读数仪比测一次以上，但考虑到部分数据丢失是监测设施本身出现异常，并非自动化采集装置故障导致。

综上所述，自动化系统评价结果为基本合格。

3.7　汾河二库监测系统评价及改进意见

按照规范要求，对汾河二库现有安全监测设施做了一次全面的评价鉴定，汾河二库安全监测系统评价为：

（1）部分监测设施现场编号不明。

（2）变形监测设施中：下游坝面表面变形全站仪监测系统测量精度不佳；908 廊道引张线装置部分测点现场测试异常；908 左岸廊道左端倒垂装置异常；少数测缝计工作异常。

（3）渗流监测设施中：个别测压管上压力表损坏，无法判别灵敏度；少数振弦式渗压计工作异常；极个别振弦式流量传感器工作异常。

（4）原有环境量监测设施由于数据不合理已基本弃用。

（5）历史测值采用过程线法分析后得出：数据丢失率高，部分测点测值不合理，规律不明显。

（6）日常运行维护工作中，对监测设施的维护不够及时、有效。

（7）自动化系统，采集装置故障率和数据丢失率偏高，没有按规定进行一年一次以上的读数仪比测以及每 3 个月进行一次以上的维护。

针对存在的以上问题，建议近期改进意见如下：

（1）现场检查并补全所有测点编号。

（2）对现场检查测试与历史测值分析中发现异常的测点及其安装的设备进行检修、维护，如损坏应及时更换。

（3）下游表面变形监测建议改用一等水准测量，提高监测精度。

（4）重建环境量监测站，以获取更真实的工程所处位置环境量数据。

（5）对自动化系统维护升级，查明数据丢失以及故障频发原因，开发预警功能。

（6）在保留现有安全监测系统的基础上，建议在廊道表面附近、挑流鼻坎、堰顶等拉应力存在部位增设应力、裂缝监测点；增加廊道裂缝、钢筋锈蚀监测项目和测点；对于扬压力大的断面可以在现有测点基础上增加测点密度；优化改造左岸绕坝渗流测点布置。

（7）加强日常巡检及维护管理工作，做到有问题早发现早解决。

参 考 文 献

［1］　水利电力部山西省水利勘测设计院，太原市勘测设计院．山西省汾河二库（玄泉寺水库）可行性研究报告［R］．1990．

［2］　水利电力部山西省水利勘测设计院．山西省汾河二库初步设计报告（第一分册 水文及水库工程规划）［R］．1993．

［3］　水利电力部山西省水利勘测设计院．山西省汾河二库初步设计报告（第二分册 工程地质勘察与工程测量）［R］．1993．

［4］　水利电力部山西省水利勘测设计院．山西省汾河二库初步设计报告（第三分册 枢纽布置及建筑物、工程管理设计）［R］．1993．

［5］　水利部水利水电规划设计总院．山西省汾河二库水利枢纽工程蓄水安全鉴定报告［R］．2000．

［6］　SL 766—2018 大坝安全监测系统鉴定技术规范［S］．

［7］　SL 601—2013 混凝土坝安全监测技术规范［S］．

［8］　SL 551—2012 土石坝安全监测技术规范［S］．

［9］　GB/T 12897—2006 国家一、二等水准测量规范［S］．

［10］　SL 530—2012 大坝安全监测仪器检验测试规程［S］．

［11］　SL 531—2012 大坝安全监测仪器安装标准［S］．

［12］　SL 621—2013 大坝安全监测仪器报废标准［S］．

［13］　SL 252—2000 水利水电工程等级划分及洪水标准［S］．

［14］　GB 18306—2015 中国地震动参数区划图［S］．

第4章　大坝安全监控指标拟定

大坝监控指标是评价大坝安全的重要指标，对于反馈控制大坝的安全运行非常重要。拟定大坝监控指标的是以强度与稳定等作为约束条件，根据大坝已经抵御经历荷载的能力，来评估和预测抵御可能发生荷载的能力，从而确定该荷载组合下监测效应量的警戒值。属于比较复杂的问题，也是国内外坝工界一直关注的重要课题。

4.1　常用的大坝安全监控指标

为了充分反映大坝的安全性态，大坝监测预警指标拟定方法一般是以监测数据为依据，设计规范为准则，渗流、稳定等作为控制条件，通过力学分析结合设计和运行单位的经验确定。工程上监测项目和测点数一般很多，且数据量大。为了保证安全监测的及时性与有效性，应选择具有代表性的项目和测点建立监控指标。常见的监控指标有变形监测指标、渗流和扬压力监测指标、应力监测指标等[1]。国内外大坝安全监测的实践经验表明变形易于观测、精度高[2]，因而变形是大坝最主要的监测量[3]，且上下游的水平向位移最为重要[4]。应力是在施工阶段监测大坝安全的主要监测量。扬压力与渗流量直接影响坝体的稳定和反映坝基的渗透性态，因此是监测大坝安全的主要监测量，可以作为渗流监测指标[5]。随着时间的推移，筑坝材料的力学性能逐渐劣化，因而可以采用建立在递归方法基础上的动态模型[6]。

4.2　大坝安全监控指标拟定方法

众所周知，不同水库的地质条件、水文条件不尽相同，其施工条件、运行条件、最不利荷载条件也不完全相同，所以在选定大坝安全监控指标拟定方法的时候要根据大坝的各种性态参数选定最适合的拟定方法。

下面介绍置信区间法、典型监控效应量的小概率法、极限状态法、结构分析法、极值理论、蒙特卡罗法、投影寻踪法（PPA）及云模型（CM）理论、自助法及核密度估计理论、基于投影寻踪模型和云模型法、基于 EMD 滤波和云模型法，拟定大坝变形监控指标的原理。

4.2.1　基于置信区间估计法的大坝安全监控指标拟定法

置信区间估计法把大坝观测效应量可能出现的最大或最小值，视为小概率事件。应用数理统计理论，取显著性水平为 α（一般为 1%～5%），则 α 被认为是小概率。统计学认为小概率事件是不能发生的事件，如果发生，则认为是异常。具体做法是，用数理统计理

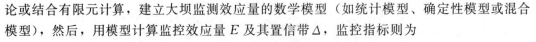

论或结合有限元计算，建立大坝监测效应量的数学模型（如统计模型、确定性模型或混合模型），然后，用模型计算监控效应量 E 及其置信带 Δ，监控指标则为

$$E_m = E \pm \Delta$$

其中

$$\Delta = \pm \beta S \tag{4.1}$$

式中：S 为数学模型的标准差；β 是 α 的函数（$\alpha=1\%$，$\beta=2.576$；$\alpha=5\%$，$\beta=1.96$）。

若实测值落在 Δ 范围内，而且无变化趋势，则大坝运行正常；反之，可能异常。此法求出的判据 E_m 可作为大坝运行的警戒值监控指标。

置信区间估计法是用数理统计理论或有限元法计算分析监测数据，建立监测效应量与荷载之间的数学模型，如统计模型、确定性模型、混合模型等，这些模型用于计算不同荷载作用下监测效应量与实测值的差异，来判断大坝运行是否安全。该方法简单，但是当大坝没有遇到最不利荷载或者监测资料系列很短时，当最不利荷载组合未包含在先前的监测数据中，置信区间法得到的值不一定是真正警戒值；不同的监测数据也会导致不同的分析结构，如果标准差太大，该法拟定的监控指标也可能超过大坝监测效应量的实际极值；这种方法也和大坝失事原理无关，物理概念不明确，未能联系大坝失事原因和机理，确定 S 和 β 有一定的任意性，且只能适应曾经遭遇过的荷载组合情况。

根据建立数学模型方法的不同，置信区间估计法又可以分为统计模型、确定性模型和混合模型方法。在使用置信区间方法时，还需要重视的问题是有无趋势性变化。置信区间法适用于正常稳定运行情况。当趋势性变化较大且尚未稳定时，不宜采用数学模型来建立监控模型。

4.2.2　基于典型监测量的小概率法的大坝安全监控指标拟定法

典型监测量的小概率法小概率法是通过其监测的效应量或者数学模型中各荷载分量来形成小样本空间，用小样本分布统计检验方法检验小样本空间，得到概率密度分布函数，通过大坝的重要性确定事故概率，对其效应量极值进行确定，当有长期监测资料，并遭遇不利荷载时，小概率法预测的监控指标才会接近极值，否则，为当前荷载作用下的极值；对失事概率的取值也有一定的经验性。

典型监测量的小概率法根据每座坝的具体情况，选择对稳定、强度或抗裂不利的各种荷载组合，应用已建立的数学模型，求出相应的监测效应量 E_m，即典型监测量。显然，E_m 是随机量，其特征值为

$$\overline{E} = \frac{1}{n} \sum_{i=1}^{n} E_{mi} \tag{4.2}$$

$$\sigma_E = \sqrt{\frac{1}{n-1} \left(\sum_{i=1}^{n} E_{mi}^2 - n \overline{E}^2 \right)} \tag{4.3}$$

应用子样统计检验法（如 A-D 法、K-S 法）进行分布检验，确定其概率密度函数 $f(E)$ 和分布函数 $F(E)$，再根据大坝的重要性确定失事概率 α，由 α 从 $F(E)$ 求出监控指标 E_m，即

$$E_m = F^{-1}(E, \sigma_E, \alpha) \tag{4.4}$$

当实测值 $E > E_m$ 时，大坝可能失事。求出的判据 E_m 可作为大坝运行的危险值监控

指标。该方法是根据已经历过的不利荷载条件，推算出监测效应量极值，选取 α 时带有经验性，但与置信区间估计法相比较，已进一步考虑到大坝的强度、稳定和抗裂条件。在采用典型小概率法拟定监控指标时，其可靠评定的前提条件是大量的数据样本及已知概率分布。

4.2.3 基于极限状态法的大坝安全监控指标拟定法

极限状态法考虑大坝的结构形态和材料的物理力学参数，联系大坝的工作特性建立极限状态方程，从而确定最不利荷载组合，求得监测效应量的极值 E_m。具体做法是设大坝或坝基的抗力为 R，临界荷载组合的总效应为 Y，欲满足安全要求，则应满足下列安全准则：

$$R - Y \geqslant 0 \qquad (4.5)$$

极限状态方程为

$$Z = R - Y = 0 \qquad (4.6)$$

应用安全系数法或其他方法求出 R 和 Y，然后由极限状态方程推求出大坝的最不利荷载组合，并将其运用于监测效应量的数学模型，从而确定相应工况下的监测效应量极值 E_m。由该法求得的判据 E_m 可作为大坝安全运行的危险值监控指标。该方法理论严密，物理力学概念明确，在求解 E_m 的过程中除依据原型观测资料建立数学模型，还必须具有较完整的物理力学参数试验资料，而求得的效应量极值与选用的材料本构模型有关。

4.2.4 基于结构分析法的大坝安全监控指标拟定法

结构分析法是通过对大坝及其基础的物理力学分析，模拟大坝及其基础的真实受力状态，采用弹性、弹塑性、弹粘塑性理论，计算大坝及其基础不同阶段的应力变形，从而拟定各个阶段的变形监控指标。该方法对于拟定施工期和首次蓄水阶段的监控指标具有更大的适用性和必要性。

结构分析法是从大坝的稳定和强度角度出发，依据大坝安全条例和监测规范，将大坝的安全性态分为正常、异常和险情三类；根据大坝的结构性态可分为弹性、弹塑性和失稳破坏三个阶段。监测指标相对应地分为一级、二级和三级[7]。从力学的角度考虑，可用黏弹性理论来拟定一级监测指标，用小变形的黏弹塑性理论来拟定二级监测指标，用大变形的黏弹塑性理论来拟定三级监测指标。根据计算抗力与效应量方法的不同，结构分析法可分为安全系数法、一阶矩极限状态法、二阶矩极限状态法三类。结构分析法可以联系大坝失事的原因和机理，物理概念明确，并可以模拟一些从未遭遇过的荷载工况，解决了大坝观测值序列较短、资料不全的问题。但是必须要有完整的大坝和地基材料物理力学参数的试验资料，与极限状态法类似，该方法的结果与所采用的本构关系及材料性能参数有关。

4.2.5 基于极值理论的大坝安全监控指标拟定法

极值理论主要研究随机序列中极端值的分布特征，而监控指标的拟定也主要考虑效应量的极端值情况。极值理论主要包括分块样本极大值模型（BMM）和阈顶点模型

（POT）。BMM 模型是依据某一标准将随机观测序列划分成若干无交集的区域，然后在每个区域选取最大值组成极值样本序列，按其分布进行参数拟合的模型；POT 模型则是依据观测数据按照某准则选择合适的阈值，对超过阈值的数据序列进行研究并建立新的分布函数。聂兵兵等给出了基于极值理论的大坝变形监控指标拟定方法，并结合某混凝土坝验证了该方法的可行性和有效性。

BMM 模型参数的估计通常用矩估计法、最大似然估计法及概率加权矩估计法，一般利用给定的效应量观测值序列结合标准的最优化算法获得最大似然估计值 ξ、σ 和 u，确定广义极值函数后，通过推导得到 x 的分布反函数：

$$x = \begin{cases} u - \dfrac{\sigma}{\xi}\{1 - [-\ln G_{\xi,u,\sigma}(x)]^{-\xi}\}, & \xi \neq 0 \\ u - \sigma \ln[-\ln G_{\xi,u,\sigma}(x)], & \xi = 0 \end{cases} \tag{4.7}$$

式中：$G_{\xi,u,\sigma}(x)$ 为广义极值分布函数，包含了 Frechet 分布、Weibull 分布、Gumbel 分布；ξ 为形状参数；u 为位置参数；σ 为尺度参数。

$$G_{\xi,u,\sigma}(x) = \begin{cases} \exp\left[-\left(1 + \xi\dfrac{x-u}{\sigma}\right)^{-\frac{1}{\xi}}\right], & \xi \neq 0 \\ \exp\left[-\exp\left(-\dfrac{x-u}{\sigma}\right)\right], & \xi = 0 \end{cases} \tag{4.8}$$

令 $P(X \leqslant x) = P$，结合 $F_{\max}(X) = P(X \leqslant x) = G_{\xi,u,\sigma}(x)$，式（4.7）可写为

$$x = \begin{cases} u - \dfrac{\sigma}{\xi}[1 - (-\ln P)^{-\xi}], & \xi \neq 0 \\ u - \sigma \ln(-\ln P), & \xi = 0 \end{cases} \tag{4.9}$$

假定大坝变形预警值或极值为 x_m，当 $X_i > x_m$ 时即为大坝有失事危险，结合大坝重要性，确定失效概率为 P_a（一般 1%～5%），相应概率可表示为 $P_a = 1 - P(X_i \leqslant x_m)$，则

$$x = \begin{cases} u - \dfrac{\sigma}{\xi}\{1 - [-\ln(1-P_a)]^{-\xi}\}, & \xi \neq 0 \\ u - \sigma \ln[-\ln(1-P_a)], & \xi = 0 \end{cases} \tag{4.10}$$

总体样本被分为 n 份，分块数 n 也将影响到估计值 $\hat{x}_m$，由 $F_{\max}(x) = F^n(x)$，得极大值序列的 x_m 的估计值 $\hat{x}_m$ 表达式为

$$\hat{x}_m = \begin{cases} u - \dfrac{\sigma}{\xi}\{1 - [-n\ln(1-P_a)]^{-\xi}\}, & \xi \neq 0 \\ u - \sigma \ln[-n\ln(1-P_a)], & \xi = 0 \end{cases} \tag{4.11}$$

从 POT 模型的计算过程看，已知形状参数 ξ、位置参数 u 和尺度参数 σ，就能反推得到变形测值序列的总体分布函数 $F(x)$。阈值 u 的选取至关重要，过大会使计算的分布函数方差增大，过小则会导致分布函数的收敛性难以得到保证。阈值的选取主要有超均值函数图法、Hill 图法和峰度法。若采用超均值函数图法确定阈值，则超均值函数的表达式为

$$e_n(u) = E(x - u \mid x > u) \tag{4.12}$$

若 $x > u$ 时的分布函数服从 GPD 分布，则超均值函数是线性变化的，其表达式为

$$e_n(u) = \frac{\sigma + \xi u}{1 - \xi}, \xi < 1 \tag{4.13}$$

由式（4.13）得到超均值函数对阈值 u 是线性变化的且斜率大于 0。因此，根据效应量测值序列，可定义超均值函数为

$$e_n(u) = \frac{1}{N_u}\sum_{i=1}^{N_u}(x_i - u) = \frac{1}{N_u}\left(\sum_{i=1}^{N_u}x_i - N_u u\right), x_i > u \tag{4.14}$$

描绘 $[u, e_n(u)]$ 函数图像，当图像开始上升时，其意义为数据来自广义 Pareto 分布，当图像下降时，说明数据产生于尾部分布，上升时的临界值即为所需的阈值 u。u 确定后，就可通过变形测值序列 $\{x_1, x_2, \cdots, x_n\}$，利用最大似然估计法得到参数 σ 和 ξ 的估计值。得到 ξ、u 和 σ 后，可采用历史模拟法，用 $\frac{n - N_u}{n}$ 近似函数 $F(u)$，得到

$$F(x) = \begin{cases} 1 - \dfrac{N_u}{n}\left[1 + \dfrac{\xi}{\sigma}(x - u)\right]^{-\frac{1}{\xi}}, & \xi \neq 0 \\ 1 - \dfrac{N_u e^{\frac{-(x-u)}{\sigma}}}{n}, & \xi = 0 \end{cases} \tag{4.15}$$

记 $F^{-1}(x) = f(x)$，假定大坝变形预警值或极值为 x_m，测值超过 x_m 时即为大坝有失事危险，则相应概率可表示为

$$P(x > x_m) = \int_{x_m}^{\infty} f(x)\mathrm{d}x \tag{4.16}$$

结合大坝工程的安全级别和重要性，确定失效概率 P_a，从而得到 x_m 的估计值，即

$$\hat{x} = \begin{cases} u + \dfrac{\sigma}{\xi}\left(\dfrac{n}{N_u}P_a - 1\right), & \xi \neq 0 \\ u - \sigma\ln\left(\dfrac{n}{N_u}P_a\right), & \xi = 0 \end{cases} \tag{4.17}$$

4.2.6 基于蒙特卡罗法的大坝安全监控指标拟定法

基于蒙特卡罗法拟定变形监控指标的原理及步骤如下[8]：首先根据观测资料确定大坝所处的工作状态（如黏弹性或黏弹塑性等），建立大坝变形与各个因素的函数关系式 $\delta = f(\boldsymbol{X})$（是一种隐式关系，$\boldsymbol{X} = [x_1, x_2, \cdots, x_n]$），并确定出基本变量，对基本变量的观测值进行非参数统计检验确定其分布；借助蒙特卡罗法产生的伪随机数（假设有 N 个）对基本变量模拟抽样，把抽样值代入大坝变形函数，从而计算出一系列变形值；最后，对计算出的一系列变形值进行统计分析，给出相应概率水平 α 下的变形值，即为大坝安全变形监控指标。

基于蒙特卡罗法拟定变形监控指标方法，考虑了基本变量的随机性，并充分结合了大坝的原型观测资料，因此所拟定的监控指标，不仅具有概率意义，同时也对坝体的结构和材料特性进行了模拟，较传统方法更加合理科学。基本变量模拟次数的确定需视具体问题而定，如果只为了计算监控指标的均值和方差，模拟的次数可以较少；如果计算某概率水平下的监控指标，则模拟的次数要足够多。计算量大是该方法的不足。

4.2.7　基于 PPA－CM 模型的大坝安全监控指标拟定法

针对大坝观测数据的模糊性和随机性问题，张云龙和王文明[9]引入投影寻踪法
（PPA）及云模型（CM）理论，提出了基于 PPA－CM 模型的大坝变形监控指标拟定方
法。模型采用投影寻踪法确定大坝各变形测点权重，运用信息熵理论构建多测点变形熵，
基于云模型理论计算多测点变形熵的数字特征值，并依据云模型的 3E$_n$ 规则，拟定了大坝
变形测点的监控指标。通过与小概率法结果对比分析，表明该方法合理、可行。

1. 基于 PPA 的测点权重确定

将 m 维原始数据规格化得到序列 $\{y_{ij} \mid i=1,2,\cdots,n; j=1,2,\cdots,m\}$，其中 i 为大坝
变形测点序号；j 为某测点的第 j 个测值；n 为测点个数；m 为数据维数；$\boldsymbol{P}$ 为单位向量，
$\boldsymbol{P}=\{p_1,p_2,\cdots,p_m\}$，$\boldsymbol{P}$ 的投影值 $G(i)$ 为

$$G(i) = \sum_{j=1}^{m} p_j y_{ij}, i=1,2,\cdots,n \tag{4.18}$$

式中：$G(i)$ 为投影方向的投影值；p_j 为向量 $\boldsymbol{P}$ 的第 j 维分量；y_{ij} 为规格化后的序列值。

确定大坝变形测点原始数据的规格化样本后，投影指标函数 $H(\boldsymbol{P})$ 就由向量 $\boldsymbol{P}$ 唯一决
定，通过调整向量 $\boldsymbol{P}$ 的方向使函数 $H(\boldsymbol{P})$ 最大，以此推求最佳投影方向：

$$\max : H(\boldsymbol{P}) = S_G Q_G \tag{4.19}$$

式中：$H(\boldsymbol{P})$ 为约束函数；S_G 为 $G(i)$ 的散开度；Q_G 为投影指标函数。

由式（4.19）推求出最佳向量 $\boldsymbol{P}^*$ 后，即可根据式（4.18）确定最优投影值 $G^*(i)$，
由此可得大坝各变形测点的权重：

$$w_i = \frac{G^*(i)}{\sum_{j=1}^{n} G^*(j)}, I=1,2,\cdots,n \tag{4.20}$$

式中：w_i 为大坝变形测点中第 i 个观测点的权重；$0 \leqslant w_i \leqslant 1$，$\sum_{j=1}^{n} w_i = 1$。

根据信息熵的定义，权重分布熵 S_w 为

$$S_w = \sum_{j=1}^{n} w_i \ln w_i \tag{4.21}$$

2. 多测点变形熵的构建

大坝系统各尺度物理量的协同演变过程难以精确描述，故需引入热力学中的熵理论，
确定多测点变形熵。多测点变形熵取决于单测点变形熵及其权重，具体结构见图 4.1。故
确定单测点变形即可得到多测点的表达式。

假定变形向下游或拉伸为正，向上游或压缩为负。因此，观测点 i 的第 j 个观测值的
有序度分以下两种情况表达[9]。

（1）变形向下游或拉伸：

$$u_{ij} = F(x_{ij}) = \int_{-\infty}^{x_{ij}} f_i(\zeta) \mathrm{d}\zeta \tag{4.22}$$

（2）变形向上游或压缩：

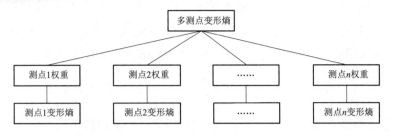

图 4.1 多测点变形熵结构图

$$u_{ij} = F(x_{ij}) = \int_{x_{ij}}^{+\infty} f_i(\zeta) d\zeta \tag{4.23}$$

式中：$f_i(\zeta)$ 为大坝变形测点 i 的概率分布函数。

当大坝变形测点位移的绝对值越大时，单测点有序度 u_{ij} 越大；当观测点变形的绝对值越小时，单测点有序度 u_{ij} 越小。

根据信息熵理论，变形观测点 x_{ij} 的变形熵 S_i^j 定义为[9]

$$S_i^j = -[u_{ij}\ln u_{ij} + (1-u_{ij})\ln(1-u_{ij})] = -\sum_{v=1}^{2} v_{ij}^v \ln u_{ij}^v \tag{4.24}$$

其中，$u_{ij}^1 + u_{ij}^2 = 1$；$u_{ij}^1 = u_{ij}$；$u_{ij}^2 = 1 - u_{ij}$。式中，u_{ij}^1、u_{ij} 均为有序度；u_{ij}^2 为无序度。

由式（4.20）得到的测点权重 w_i、式（4.21）得到的权重分布熵 S_w、式（4.22）和式（4.23）得到的单测点有序度 u_{ij} 及式（4.24）得到的单测点变形熵，即可定义多测点变形熵。u_{ij} 对多测点变形熵的贡献为 u_{ij}^2，根据广义信息熵原理，多测点变形熵 S^j 定义为[9]

$$S^j = -\sum_{i=1}^{n}\sum_{v=1}^{2} w_i u_{ij}^v \ln(w_i u_{ij}^v) = -\sum_{i=1}^{n}\sum_{v=1}^{2} w_i u_{ij}^v \ln w_i - \sum_{i=1}^{n}\sum_{v=1}^{2} w_i u_{ij}^v \ln u_{ij}^v \tag{4.25}$$

对式（4.25）做变换：

$$-\sum_{i=1}^{n}\sum_{v=1}^{2} w_i u_{ij}^v \ln w_i = -\sum_{i=1}^{n} w_i \ln w_i \sum_{v=1}^{2} u_{ij}^v = -\sum_{i=1}^{n} w_i \ln w_i = S_w^j \tag{4.26}$$

$$-\sum_{i=1}^{n}\sum_{v=1}^{2} w_i u_{ij}^v \ln u_{ij}^v = -\sum_{i=1}^{n} w_i \sum_{v=1}^{2} u_{ij}^v \ln u_{ij}^v = \sum_{i=1}^{n} w_i S_i^j \tag{4.27}$$

式中：S_w^j 为权重分布熵。

由式（4.25）～式（4.27）得

$$S^j = S_w^j + \sum_{i=1}^{n} w_i S_i^j \tag{4.28}$$

由式（4.28）可知，多测点变形熵 S^j 由变形测点的权重分布熵和单测点变形熵的加权平均值确定。

3. 云模型理论

云模型理论高效地集成了客观世界中概念的模糊性和随机性，可构建定性和定量之间的映射，具有很好的普适性，逐渐发展为一种理论完备的认知型模型。设 U 为定量数值表示的数值区间，C 为 U 上大坝安全与否的定性概念，若大坝运行过程中安全与否的一

次随机实现定量值 x 满足，且有随机实现定量值 x 对定性概念 C 的确定度，满足 $u = \mathrm{e}^{-(x-E_x)^2/(2E_n'^2)}$，则称随机实现定量值 x 在论域 U 上的分布为正态云。云模型用参数（E_x，E_n，H_e）表达某大坝位移变形概念的数字特征，以反映位移变形概念的不确定性。设样本均值 $\overline{X} = \dfrac{1}{n}\sum\limits_{i=1}^{n}x_i$，样本方差 $S^2 = \dfrac{1}{n-1}\sum\limits_{i=1}^{n}(x_i-\overline{X})^2$，数字特征值（$E_x,E_n,H_e$）具体含义如下：①云模型的期望 $E_x = \overline{X}$ 表示位移变形域中的平均值，即变形测点中出现概率最大的理论点；②云模型的熵 $E_n = \sqrt{\dfrac{\pi}{2}}\left(\dfrac{1}{n}\sum\limits_{i=1}^{n}|x_i-E_x|\right)$ 表示位移变形域中可被接受的取值范围，反映了云模型图像的聚集度；③云模型的超熵 $H_e = \sqrt{S^2-E_n^2}$ 表示熵的不确定性度量，当其值为零时，云模型为正态云曲线。

大坝变形监控指标拟定通过云发生器算法实现定性定量转换，具体步骤如下[9]：

(1) 以 E_x 为期望值、H_e 为标准差，生成一个正态随机数 E_n'。

(2) 以 E_x 为期望值、E_n' 的绝对值为标准差，生成一个正态随机数 x。

(3) 计算 x 对定性概念 C 的确定度 $\mu = \mathrm{e}^{\frac{-(x_i-E_x)^2}{2(E_n')^2}}$。

(4) 重复 (1) ～ (3)，直至产生 N 个云滴为止。

不同于传统方法中单一考虑小概率事件的随机性，综合考虑 N 个云滴分布的概率密度及其对应的确定度，得到任一微小区间内云滴群 Δx 对 ΔC 的贡献为

$$\Delta C \approx \mu_T(x)\Delta x/(\sqrt{2\pi}E_n) \tag{4.29}$$

$$\frac{1}{\sqrt{2\pi}E_n}\int_{E_x-3E_n}^{E_x+3E_n}\mu_T(x)\mathrm{d}x = 99.74\% \tag{4.30}$$

式中：ΔC 为云滴群对定性概念的贡献；$\mu_T(x)$ 为 x 对定性概念 C 的确定度。

由式 (4.30) 可知，对定性概念 C 有贡献的云滴 x 主要分布在区间 $[E_x-3E_n, E_x+3E_n]$ 内，而分布在该区间外的云滴对定性概念 C 贡献微小，可看作非定性概念表征异常信息，即正向正态云的 $3E_n$ 规则。

4.2.8　基于自助法及核密度估计理论的大坝安全监控指标拟定法

针对混凝土坝运行初期及采取人工监测的中小型坝中监测数据样本少，无法保证统计特征量的计算精度，罗倩钰等[10]引入自助法（Bootstrap Method - BM）与核密度（KDE）估计理论，构建了小样本下大坝安全监控指标拟定方法。

1. BM 基本理论

BM 是在给定训练集中进行有放回的均匀抽样，即每当选中一个样本，它拥有等可能再次被选中并添加到训练集中。该方法根据给定的原始样本复制观测信息对总体的分布特性进行统计推断，不需分布假定。

假设有 n 个样本 X_i，服从未知分布 F

$$X_i = x_i, X_i - i.i.d. F, i=1,2,\cdots,n \tag{4.31}$$

令 $X = (X_1,X_2,\cdots,X_n)$ 和 $x = (x_1,x_2,\cdots,x_n)$ 分别表示为随机样本和其观测值。若

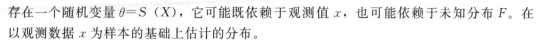

存在一个随机变量 $\theta = S(X)$，它可能既依赖于观测值 x，也可能依赖于未知分布 F。在以观测数据 x 为样本的基础上估计的分布。

BM 主要步骤如下：

（1）从 F 中有放回的随机抽取 n 个样本。

$$X_i^* = x_i^*, X_i^* \sim i.i.d. F, i = 1, 2, \cdots, n \tag{4.32}$$

称 $X^* = (X_1^*, X_2^*, \cdots, X_n^*)$ 和 $x^* = (x_1^*, x_2^*, \cdots, x^n)$ 为自助样本，根据自助样本集构造 X 的经验分布 F。

（2）自助分布 $\hat{\theta}^* = S(X^*)$ 可近似估计 $\theta = S(X)$ 的样本分布。

（3）从 X 有放回的随机抽取，生成 B 个相互独立的自助样本 $X^{*1}, X^{*2}, \cdots, X^{*n}$。

（4）对每个 x_n^b，求出 $\hat{\theta}$ 的估计值。

（5）BM 估计的标准误 $\hat{S}_{eB}$ 就是 $\hat{\theta}^*(b), b = 1, 2, \cdots, B$ 的标准差。

2. 基于 KDE 的监测数据分布函数估计

KDE 是一种估算随机变量分布的常用方法，属于非参数检验方法之一。KDE 法采用核函数 $\kappa(\cdot)$ 来拟合数据的分布函数。核函数的实质为权函数，其形状和值域控制着估计在点 x 值时所利用数据点的个数及程度。对于一维随机变量分布函数，可以采用以下形式进行估计：

$$f(x) = \frac{1}{nh} \sum_{i=1}^{m} \kappa\left(\frac{x - x_i}{h}\right) \tag{4.33}$$

式中：n 为样本个数；h 为带宽；x_i 为第 i 个监测数据。

一般而言，选择任何形式的核函数都能保证密度估计具有稳定相合性。带宽值则对估计量的影响较大，若 h 太小，则密度估计偏于将概率密度分配局限于观测数据附近，致使密度函数产生错误峰值；若 h 太大，密度估计则将概率密度贡献扩展分散，导致光滑掉 F 的重要特征。选择带宽 h 常用的方法是极小化均方误差法，即

$$\sigma_{\text{mse}} = E\left\{\sum_{i=1}^{n} \left[\hat{f}(X_i)\right] - f(X_i)\right\} \tag{4.34}$$

当分布密度连续时常用极小化积分均方误差法，即

$$\sigma_{\text{mise}} = E\left\{\int_x \left[\hat{f}(x) - f(x)\right]^2 dx\right\} \tag{4.35}$$

以及极小化渐进积分均方误差法

$$\sigma_{\text{amise}} = \int_x \left\{\left[Y_{\text{bias}} \hat{f}(x)\right]^2 + \text{VAR} f(x)\right\} dx \tag{4.36}$$

其中，极小化积分均方误差法可分解为

$$\sigma_{\text{mise}} = \int \left[E\hat{f}(x) - f(x)\right]^2 dx + \int \text{VAR} \hat{f}(x) dx \tag{4.37}$$

上式中期望和方差都是针对于样本描述的。σ_{mise} 依赖于带宽 h 和函数 f 的选取，在渐进通近的方法下得到简化，即 σ_{amise}。在一致性要求下，取决于样本容量的大小，一般随样本容量 n 的增大而减小，则渐进最优带宽为 σ_{amise} 的最小值。

3. 监控指标的拟定

将 BM 和 KDE 法相结合，确定出监测变量 $\boldsymbol{E}$ 的概率密度函数 $f(\boldsymbol{E})$。令 E_m 为某项

监测数据的安全监控指标，当 $E > E_m$ 时，大坝将出现异常或险情，其概率为[10]

$$P(E > E_m) = p_a = \int_{E_m}^{+\infty} f(E) \mathrm{d}E \tag{4.38}$$

当 P_a 足够小时为小概率事件，若发生则为异常情况。利用上述原理，可针对具体大坝的重要性确定失事概率 P_a，最终由 E_{mi} 的概率分布函数求得该监测效应量的安全监控指标 $E_m = F^{-1}(E, \sigma_E, P_a)$。

混凝土坝运行初期安全监测指标的拟定流程如下[10]：首先，由原始观测数据，计算大坝位移观测量的监测值，根据统计分析方法原理，剔除实测数据中的粗差；其次，将监测数据采用 BM 扩充其样本容量，构造监测数据的自助样本；然后，由 KDE 法估计监测数据大样本的分布情况及其概率密度函数，利用小概率原理拟定相应监测项目的安全监控指标。

4.2.9　基于投影寻踪模型和云模型的大坝位移安全监控综合指标拟定法

针对传统方法在拟定大坝安全监测指标时对空间性和模糊性考虑的不足，孙鹏明等[11]采用投影寻踪方法对大坝不同高程处位移序列进行降维处理，生成位移投影值及位移权重，计算出加权位移值并运用正逆向云模型拟定大坝位移安全监控综合指标。

1. 大坝空间变形权重分析

投影寻踪模型是通过极化某个投影指标，搜寻出能综合反映原高维数据特征或结构的投影方向，将高维数据向低维子空间上投影，通过研究低维空间的数据结构及投影特性以达到分析高维数据的目的。应用投影寻踪模型挖掘大坝空间变形截面数据中蕴含的信息，确定大坝某一断面不同高程各测点的权重分布。

选取某大坝典型坝段 p 个不同高程处上下游方向位移监测值作为样本 $x^*(i,j)(i = 1, 2, \cdots, m; j = 1, 2, \cdots, P; n$ 为样本个数，p 为样本中指标个数）。不同高程处水平位移变化范围及量级不同，需对样本做归一化处理，归一化处理方式为：对于越大越优的指标，$x(i,j) = [x^*(i,j) - x_{\min}(j)]/[x_{\max}(j) - x_{\min}(j)]$；对于越小越优的指标，$x(i,j) = [x_{\max}(j) - x^*(i,j)]/[x_{\max}(j) - x_{\min}(j)]$，$x_{\max}(j)$ 和 $x_{\min}(j)$ 分别是第 j 个指标的最大值和最小值，$x(i,j)$ 为归一化后的指标序列。

投影寻踪方法就是把 p 维大坝变形序列 $\{x(i,j) \mid j = 1, 2, \cdots, p\}$ 综合成以单位长度向量 $a = \{a(1), a(2), a(3), \cdots, a(p)\}$ 为投影方向的一维投影值 $z(i)$：

$$z(i) = \sum_{j=1}^{p} a(j)x(i,j), i = 1, 2, \cdots, n \tag{4.39}$$

根据数据整体的散布特征和局部凝聚程度的要求，投影指标函数可表示为

$$Q(a) = S_z D_z \tag{4.40}$$

式中：S_z 为投影值 $z(i)$ 的标准差；D_z 为投影值 $z(i)$ 的局部密度，即

$$S_z = \sqrt{\sum_{i=1}^{n} [z(i) - E(z)]^2 / (n-1)} \tag{4.41}$$

$$D_z = \sum_{i=1}^{n} \sum_{j=1}^{n} \left\{ R - r(i,j) I [R - r(i,j)] \right\} \tag{4.42}$$

式中：$E(z)$ 为序列 $\{z(i)\mid i=1,2,\cdots,n\}$ 的均值；R 为局部密度的窗口半径，可由数据特征确定；$r(i,j)$ 为样本之间距离，$r(i,j)=\mid z(i)-z(j)\mid$；$I(t)$ 为单位阶跃函数，当 $t\geqslant0$ 时，其值为 1，否则为 0。

当给定大坝水平位移的数据样本时，投影指标函数 $Q(a)$ 仅受投影方向 a 的影响。可以通过极大化投影指标函数来估计最佳投影方向，归结为最优化问题，即：约束条件为 $\sum_{j=1}^{p}a^2(j)=1$，目标函数为 $Q(a)=S_zD_z$，最大目标函数。

将求解出的最佳投影方向 a 代入式（4.39），可得样本点的投影值，对其做归一化处理，可得各变形测点的权重值，即

$$\omega_j = z^*(j)\Big/\sum_{j=1}^{p}z^*(j),(j=1,2,\cdots,p) \tag{4.43}$$

式中：$z^*(j)$ 为第 j 项评估指标的最佳投影值；ω_j 为第 j 项评估指标权重。

2. 大坝位移安全监控综合指标拟定

针对大坝安全监控指标拟定过程中存在的模糊性问题，采用基于云模型的指标拟定方法，通过正、逆向云发生器实现了从未知分布情况的原始监控数据向已知概率密度和确定度的云滴群的转换，实现定量-定性一定量的映射。

逆向云发生器是实现坝体加权位移值定量数据向大坝安全状况定性概念转换的模型，它是基于统计学原理对大坝加权位移值进行特征值统计。采用无需确定度信息法计算坝体位移投影值的数字特征：期望（$E_x = \frac{1}{n}\sum_{i=1}^{n}x_i$）、熵 $\left(E_n = \left(\frac{\pi}{2}\right)^{1/2}\frac{1}{2}\sum_{i=1}^{n}\mid x_i - E_x\mid\right)$ 和超熵 $\left[H_e = \sqrt{S^2 - E_n^2}, S^2 = \frac{1}{n-1}\sum_{i=1}^{n}(x_i - \overline{X})^2\right]$。

正向云模型利用大坝加权位移值的数据特征值（期望 E_x，熵 E_n 和超熵 H_e）生成云滴群及其确定度，实现从定性到定量的映射。算法步骤如下[11]：①生成以 E_n 为期望值，H_e^2 为方差的正态随机数 $y_i = R_N(E_n, H_e)$；②生成以 E_x 为期望值，y_i^2 为方差的一个正态随机数 $x_i = R_N(E_x, Y_i)$；③计算 $\mu(x_i) = \exp[-(x_i - E_x)^2]/(2y_i^2)$；④生成一个具有确定度 $\mu(x_i)$ 的云滴 x，重复步骤①—③直至产生 n 个云滴为止。

依据云模型的 $3E_n$ 准则为：区间 $[E_x - 3E_n, E_x + 3E_n]$ 中的云滴对于定性概念的描述有显著贡献，落在此区间外的云滴对表征定性概念几乎无贡献，可视为异常信息。大坝加权位移值若落在区间 $[E_x - 3E_n, E_x + 3E_n]$ 之外，可视为小概率事件的发生。

基于投影寻踪模型和云模型的大坝位移安全监控综合指标拟定步骤如下[11]：

（1）选取典型坝段 p 个不同高程处上下游方向水平位移监测值作为样本 $x^*(i,j)$，对其做归一化处理。

（2）构造投影指标函数。

（3）优化投影方向。

（4）根据计算得出的投影方向及位移权重求得大坝加权位移值。

（5）采用逆向云模型计算加权位移值的数据特征值期望 E_x，熵 E_n 和超熵 H_e。

（6）利用正向云模型生成云滴及其确定度。

（7）依据 $3E_n$ 准则求得基于空间的大坝位移安全监控综合指标值。

4.2.10　基于 EMD 滤波和云模型的大坝安全监控指标拟定法

赵鲲鹏等[12]提出了一种基于经验模态分解（EMD）滤波和云模型的大坝安全监控指标拟定方法。利用云模型，采用数字特征熵来揭示异常值的随机性与模糊性，通过期望、熵和超熵构成的特定结构算法，将大坝安全与否的定性概念定量表示，以此拟定安全监控指标。

1. EMD 去噪的基本原理

EMD 可将信号自适应地逐级分解为一系列不同特征尺度的本征模态函数（IMF）。对混有随机噪声的信号，经分解后的低频 IMF 分量通常反映了原始信号的基本特征，高频 IMF 分量一般情况下为噪声，EMD 去噪滤波就是从高频至低频逐步剔除噪声。因此，确定了含噪声的 IMF 分量的级数并删去分解出的 IMF 分量后，剩余信号分量即为有效信号。分解级数可根据"白噪声的 IMF 分量的能量密度与其平均周期的乘积为一常量"这一结论来确定。设能量密度和平均周期分别为

$$E_n = \frac{1}{N}\sum_{j=1}^{N}\left[A_n(j)\right]^2 \tag{4.44}$$

$$\overline{T}_n = \frac{2N}{O_n} \tag{4.45}$$

式中：A_n 为振幅；N 为每个 IMF 分量的长度；O_n 为第 n 个 IMF 分量的极值点总数。

在实际应用中，可以选取以下停止分解的判定指标，以确定滤波的最佳分解级数：设第 k 级 IMF 的能量密度与其平均周期的乘积为 $ET_k = E_kT_k$，令 $R_k = \left| \dfrac{ET_k - ET_{k-1}}{\dfrac{1}{k-1}\sum_{i=1}^{k-1}ET_i} \right| (k \geqslant 2)$

当 $R_k \geqslant B$ 时分解停止（B 一般取为 2～3）。

2. 云模型的基本原理

设 U 为大坝安全监测效应量，C 为 U 上的大坝是否安全的定性判断。若定量值 $x \in U$，且 x 为 C 的一次随机实现，则 x 关于 C 的确定度 $\mu(x) \in [0,1]$ 是具有稳定倾向的随机数。若 $\mu: U \to [0,1][\forall x \in U, x \to \mu(x)]$，则 x 在 U 上的分布称为云，x 称为云滴。

云采用期望 E_x、熵 E_n 和超熵 H_e 3 个数字特征反映定性概念的整体特性，并通过逆向云发生器利用统计学原理对监测效应量进行特征值统计。逆向云发生器的算法步骤如下[12]：

（1）由 x_i 计算坝顶水平位移的样本均值 $\overline{X} = \dfrac{1}{n}\sum_{i=1}^{n}x_i$ 样本方差 $S^2 = \dfrac{1}{n-1}\sum_{i=1}^{n}(x_i - \overline{X})^2$；

（2）由①可得期望 $E_x = \overline{X}$；

（3）由期望可得熵 $E_n = \sqrt{\dfrac{1}{\pi}} \times \dfrac{1}{n}\sum_{i=1}^{n}|x_i - E_x|$；

（4）由样本方差和熵可求得 $H_e = \sqrt{S^2 - E_n^2}$。

正向正态云发生器可实现定性概念的定量转化，它根据 x_i 的期望 E_x、熵 E_n 和超熵

H_e 产生云滴群，具体算法如下：① 根据云的 3 个数字特征（E_x、E_n、H_e）产生一个以 E_n 为期望、H_e^2 为方差的正态随机数 E'_n。② 以 E_x 为期望、E'^2_n 为方差产生一个正态随机数 x，称 x 为 U 上的一个云滴。③ 根据①和②计算 $\mu_i = \mathrm{e}^{-\frac{(x_i - E_x)^2}{2E_{ni}^2}}$，则 μ_i 为 x_i 属于 C 的确定度。④重复步骤①～③，直到生成 n 个云滴为止。

3. 监控指标拟定的基本方法

以某重力坝坝顶水平位移为例，拟定大坝安全监控指标，将 EMD 去噪处理后大坝的实测位移值作为样本。采用逆向云发生器求得反映定性概念的 3 个数字特征（E_x、E_n、H_e），然后利用正向云发生器，通过求得的数字特征产生云滴及其确定度。由此完成了由原始监测数据到大坝是否安全的数字特征，再到已知概率分布和确定度的云滴群的"定量—定性—定量"的转化。正向正态云的"$3E_n$ 规则"表明，对于定性概念有贡献的云滴，有 99.7% 都落在区间 $[E_x - 3E_n, E_x + 3E_n]$，在此区间外的云滴对定性概念的贡献可以忽略不计，故可用该集合表征异常信息。因此，坝顶水平位移监测值如果落在上述区间之外，可认为测值出现异常。

参 考 文 献

[1] 王德厚. 大坝安全与监测 [J]. 水利电力科技，2006，32（1）：1-9.

[2] 文锋. 混凝土拱坝位移监控模型及监控指标研究 [D]. 武汉：长江科学院，2008.

[3] MA M，SHEN Z，TU X. Study on deformation early warning index of concrete gravity dam [C] // 11th Biennial ASCE Aerospace Division International Conference on Engineering，Science，Construction，and Operations in Challenging Environments. Long Beach，California，United States，March 3-5，2008.

[4] LIU J，WANG G，CHEN Y. Research and application of GA neural network model on dam displacement forecasting [C] // 11th Biennial ASCE Aerospace Division International Conference on Engineering，Science，Construction，and Operations in Challenging Environments. Long Beach，California，United States，March 3-5，2008.

[5] 宋恩来. 混凝土运行期渗流监控指标的探讨 [J]. 大坝与安全，2010（4）：18-23.

[6] BAO TF，WU ZR，GU CS，et al. A model for dam health monitoring [C] // 11th Biennial ASCE Aerospace Division International Conference on Engineering，Science，Construction，and Operations in Challenging Environments. Long Beach，California，United States，March 3-5，2008.

[7] 吴中如，赵斌，顾冲时. 混凝土坝变形监控指标的理论及其应用 [J]. 大坝观测与土工测试，1997，21（3）：1-4.

[8] 谷艳昌，何鲜峰，郑东健. 基于蒙特卡罗方法的高拱坝变形监控指标拟定 [J]. 水利水运工程学报，2008（1）：14-19.

[9] 张云龙，王文明. PPA-CM 模型在双曲混凝土拱坝变形监控指标拟定中的应用 [J]. 水电能源科学，2016，34（4）：43-46.

[10] 罗倩钰，杨杰，程琳，等. 混凝土坝运行初期安全监控指标拟定方法研究 [J]. 水利与建筑工程学报，2017，15（2）：32-36.

[11] 孙鹏明，杨建慧，杨启功，等. 大坝空间变形监控指标的拟定 [J]. 水利水运工程学报，2016（6）：16-22.

[12] 赵鲲鹏，梁嘉琛，仇建春，等. 基于 EMD 滤波和云模型的大坝安全监控指标拟定 [J]. 人民黄河，2015，37（10）：120-122.

第5章　混凝土坝多场耦合模型与有限元求解

大坝建成蓄水将在坝体及坝基内形成渗流场，库水温度和库水位会随时间变化，水温及气温温差导致坝体内会产生温差，从而形成温度荷载。因此，坝体内部存在温度—渗流—应力（THM）三场的耦合问题。地下水、地应力和温度是坝基岩体所处地质环境中的三个主要因素，且这三者之间相互联系、相互作用、相互制约，因此岩体内部也存在 THM 三场耦合作用。大坝运行过程中，大坝的变形与温度、水的作用相互耦合互相影响，故 THM 三场耦合模型可准确地判断大坝的变形阈值，为大坝变形监控预警指标的拟定提供理论支撑。

5.1　THM 耦合机理与耦合模型

混凝土大坝和坝基岩体均可视为多孔介质。多物理场耦合是指在固体多孔介质中渗流场、应力场和温度场三者之间的相互影响。热流固耦合是在流固耦合理论的基础上引入了温度效应，研究温度场变化对骨架结构变形和渗流的影响。微观上的热流固耦合效应通过多孔介质内部流体与固体骨架间相界面上的相互作用得以反映，由于孔隙结构的小尺度性，孔隙的大小、形状、方向是无规律性的，使得多孔介质内部孔隙结构非常复杂。因此，一般情况下采用等效连续介质的方法处理多孔介质热流固耦合问题。

在温度场、渗流场、应力场中，热作用可以在固体介质中产生热应力并引起固体介质的弹模、泊松比等力学参数的变化；同时温度变化会引起水密度的变化，从而影响水的流动。水的流动可以通过传导或对流使热量更快地扩散开来，而固体介质中水的存在可以改变固体的受力情况。变形使得固体在内部产生一定的热量耗散，而力学变形也会部分影响固体热学特性的变化，同时力学效应影响孔隙度或流体的渗透性能。THM 耦合作用机理模型主要有非完全耦合作用机理模型[1]（图 5.1）和完全耦合作用机理模型[2]（图 5.2）。

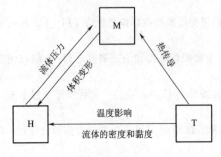

图 5.1　THM 非完全耦合作用机理

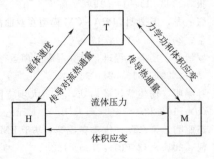

图 5.2　THM 完全耦合作用机理

基于质量守恒定律、线动量平衡原理和能量守恒定律结合基本方程和物性方程即可推导出三场耦合控制方程组：固体变形方程、渗流方程和温度场方程。

5.2   岩 体 THM 耦 合 分 析

通常工程岩土体处在温度、应力及地下水流动的地质环境，以上三个场相互作用，相互制约。大量工程实践表明：石油、天然气、地热等能源的开发，深埋长大隧道和引水隧洞的开挖，核废料的安全填埋、贮存以及环境工程中污染物的迁移等实际工程问题促使了岩土体 THM 三场耦合研究的产生与发展。

目前主要采用多孔介质的方法研究岩体 THM 耦合机理，根据一定的假设条件从机理出发建立 THM 耦合控制方程，然后选用某种数值分析方法进行求解，得到岩体内应力场、温度场和渗流场。20 世纪 80 年代初期，国外学者开始关注 THM 耦合问题，早期的THM 耦合主要是研究耦合理论、数学模型的建立、边界条件的限定、模型求解方法有效性检验方面。1995 年前的 THM 耦合作用主要以速度等变量为媒介，其后是以物理对象或者场为桥梁，使运算大大简化。国内相关的研究始于 90 年代中期，主要是理论模型、数值模型和模拟方面。丁留伟等[3]综述了地下岩体 THM 三场耦合作用的研究现状，从场与场之间相互影响关系入手，综合分析了从以变量为媒介到以场为媒介，从松散耦合到强耦合，从观测统计模型到数值模拟的发展历程，并阐述了地下岩体三场耦合存在的问题和发展趋势。

国外 THM 三场模拟，在早期主要是从实际问题出发，建立耦合理论和模型。Bear等[4]1981 年开始研究地热资源开采过程中地应力、渗流和温度变化的相互关系，把蓄水层等效为一相较水平方向无限小的薄层，给出了理论模型和三组控制方程。Noorished等[5]不考虑水—岩之间的热交换及热对岩石力学性质的影响，基于固结和热弹性原理首次给出了饱和裂隙岩体的 THM 三场全耦合控制方程组。在温度变化不大的条件下不考虑热对流、热应力和热对黏滞系数的影响，Mctigue[6]发展了关于饱和多孔热弹性介质的线性原理，探讨了固液两相不同热膨胀性的有关 THM 耦合的理论，给出了一组简单的线性控制方程。Hart 等[7]提出了描述动态或准静态加载过程中饱和多孔介质的 THM 三场全耦合的模型，给出了相应的流体质量平衡方程、混合物动量平衡方程和能量平衡方程。从工程岩体中岩石节理变形和有效应力的关系出发，Barton 等[8]探讨了地下 THM 三场之间的耦合作用，给出了实用的数学关系式，并研究了大坝与边坡的稳定性和冻土地区隧道涌水问题。Lewis[9,10]研究了石油开发领域的三场耦合问题，发展了以流体孔隙压力、温度和孔隙介质位移（体积形变）作为基本变量的流-固耦合模型。

THM 耦合理论的研究一直是伴着应用问题或者实验进行的，早期的工作主要集中在耦合模型的建立和求解方法的有效性验证方面。从 1992 年起，随着 DECOVALEX 国际合作研究计划的展开，研究者们对核废料贮存围岩体的 THM 耦合行为进行了大量的理论和实验研究。Jing[11]结合放射性废物处置问题给出了较系统的岩体 THM 耦合作用的研究模型，描述了核废料贮库围岩（裂隙岩体）中的 THM 全耦合过程。为解决核废料稀疏裂隙火成岩存储中 THM 耦合问题，Nguyen 等[12]给出了饱和孔隙介质非等温固结的控制方程组。Guvanasen 等[13]基于非等温环境下两项介质的比奥固结理论，给出了核废料储库裂隙围岩体 THM 三场耦合作用模型，能较好地符合围岩不可逆破碎过程中的膨胀、压缩和滞后效应的正、侧向应变。Rutqvist 等[14]采用多孔均质介质的方法推导了核废料处理领域中应用较多的几种软件的控制方程。Kelkar 等[15]提出了可设置较大的时间步的有限元数值解法，可解决非线性三维全耦合方程组的解法困难。Tortike 等[16]讨论了弹性多孔介质对热应力和非线性流体孔隙压的响应，建立了三维弹塑性变形、渗流、传热的耦合模型。Gawin 等[17]建立了包括气体压强、毛细管压、温度和位移的非线性偏微分控制方程组。Pak 等[18]在考虑高孔隙压力和高温度条件下，建立了含油砂岩 THM 三场的全耦合偏微分方程组，强调热场和渗流场对应力场的影响。

Bower 等[19]建立了饱和双重介质的 THM 三场耦合数学模型，在双重介质里首次实现了全耦合。Gatmiri 等[20]在饱和多孔介质 THM 全耦合控制方程组中着重考虑了温度的改变对介质杨氏模量、体积模量、渗透率和热参数的影响，得到了更贴近实际的非线性模型。Neaupane 等[21]建立了基于线性应力-应变关系、二维多孔热弹性介质理论和计入孔隙流体的相变影响的冻融岩石 THM 三场全耦合控制方程组，此模型与实例有较好的吻合，但考虑的仅是热弹性体。Wang 等[22]给出了地下多孔介质中 THM 三场耦合的并行算法，并模拟了 DECOVALEX 基准测试中的一个二维实例。

天然岩体中大量的孔隙和裂隙改变了岩体的力学性质和影响岩体的渗透特性及热学性能。为了能够精确处理 THM 耦合特性，必须考虑裂隙的影响。目前，关于岩体的 THM 耦合研究主要有等效连续法与离散法两种方法[23]。等效连续法是将裂隙中的渗流量、热流等平均到岩体中形成等效连续介质模型，然后利用经典的多孔介质分析方法进行分析。等效连续法使用方便，但不容易判定岩体渗流或热流的尺寸效应。离散法是基于单条裂隙水流或热流基本公式，利用流入、流出各裂隙交叉点流量相等条件求水头值或温度值。离散法采用节理单元模拟不连续面，因此更接近于实际情况，但存在处理难度大和数值分析工作量大的不足。对于大量的微裂隙一般采用等效连续介质模型进行分析，对于少数的大裂隙采用离散法模型进行分析。Millard 等[24]的研究表明离散法和等效连续法的温度和力学方面的计算结果相类似，但水力特性上存在差异。主要原因是裂隙的水力传导与裂隙开度之间非线性关系很强。Olivellas 等[23]用双重介质模型进行 THM 耦合分析，以研究层理结构岩体的固有渗透率和变形变化，结果表明全耦合很必要。Ohnishi[25]提出了以节理元为基础的有限元模型和地下工程围岩的应力渗流温度耦合的本构关系模型。Salomoni[26]基于修正的混合理论建立了有限应变的三维 THM 耦合模型，用于分析饱和多孔介质。Bekele 等[27]基于多孔介质理论推导了动量、质量和能量守恒方程，采用等几何分析模拟了冻土的 THM 耦合过程。

国内对 THM 三场耦合的研究起步较晚，近年来，特别是进入新世纪以来，工程建设的需要，THM 耦合的理论模型和数学模型也相对完善起来，求解方面亦取得了很大的进展。

仵彦卿[28]提出在异常地温场作用下热对流会对岩体系统内热流量有贡献，推导了连续介质三场耦合数学模型。黄涛等[29]以地下水的渗流运动、岩体的变形和地热的传递作为耦合项，建立了工程岩体三场耦合作用的数学模型。梁冰等[30]建立了瓦斯渗流场、煤岩应力场与热场三场耦合的数学模型，并采用弱耦合方式进行求解，即热场与流固场分开求解。刘建军和刘先贵[31]建立了油田开采过程中非等温情况下 THM 三场耦合的数学方程，并运用有限元法和有限差分法联合进行求解。赵阳升等[32]建立了高温岩体地热开发的块裂介质 THM 耦合数学模型，将固体变形、传热和渗流看作独立的子系统，采取有限元法和有限差分法联合迭代进行求解。

赖远明等[33]对寒区隧道 THM 耦合问题进行了非线性分析，提出了带相变的 THM 耦合问题的数学力学模型和控制方程。赵阳升等[34]建立了多孔介质中应力场、渗流场、温度场和浓度场四场耦合作用的理论框架，深入研究了固液耦合作用下孔隙与单一裂隙的渗流本构方程，较详细介绍煤层气开采的裂隙介质固气耦合模型与应用、盐矿开采的固流热传质耦合模型与应用、高温岩体地热开采的固流热耦合模型。黄涛等[35]提出了 THM 耦合环境下大埋深裂隙围岩隧道涌水量预测计算的确定性数学模型方法（水文地质数值模拟法），并通过一隧道工程实例进行了计算验证。孟陆波等[36]通过三轴卸荷试验研究了 THM 耦合作用下千枚岩的变形破坏特征，采用 Comsol Multiphysics 软件模拟 THM 耦合作用下千枚岩隧道的大变形。

在解决工程应用的同时，研究者们越来越多注重模型的合理性、运算的可行性及结果的验证。在考虑了流体和固体密度以及孔隙度随压力和温度的变化关系和液体黏度随温度的变化时，孔祥言等[37]基于饱和多孔材料小变形情形的线性热弹性理论，建立了一组 THM 完全耦合渗流的数学模型。在假设流体为单相流、固体介质为非沸腾的饱和和热弹性多孔介质的基础上，盛金昌[38]建立了多孔岩体介质 THM 全耦合数学模型并用有限元软件 FEMLAB 对模型进行了验证。赵延林等[39]在建立双重介质 THM 耦合微分控制方程的基础上，提出了裂隙岩体 THM 耦合的三维力学模型，对不同介质分别建立以节点位移、水压力和温度为求解量的三维有限元格式，开发了双重介质 THM 耦合分析的三维有限元计算程序，对于不连续面应力计算和渗流与热能计算时采用不同类型等参元进行离散，从而保证了不同介质之间的水量、热量交换和两类模型接触处节点水头、温度和位移相等。

刘亚晨[41]采用均质多孔介质的方法建立了应力、应变、温度和热力学压力的关系方程式，给出了核废料贮库裂隙岩体介质热-液-力耦合的定解方程，推导求解 THM 耦合力学模型的有限元计算格式，通过有限元数值模拟探讨了核废料贮存裂隙岩体水热耦合迁移以及应力响应特征。孙培德[42]采用随机分析方法研究核废料地质系统的 THM 耦合。吉小明[43]利用混合物理论，推导了裂隙岩体等效连续介质 THM 三场耦合的全耦合数学模型及其控制方程，采用全耦合求解法给出了控制方程的有限元表达式。张志超[44]基于物理守恒定律及非平衡态热力学理论，建立了一种针对饱和岩土体的 THM 完全耦合问题的理论模型。张玉军[45]建立了一种饱和 - 非饱和遍有节理岩体的双重孔隙 - 裂隙介质 THM 耦合模型，其特点是应力场和温度场是单一的，但具有不同的孔隙渗流场和裂隙渗流场，以及可考虑裂隙的组数、间距、方向、连通率和刚度对本构关系的影响。

Liu 等[46]建立了断层突水非线性的 THM 耦合模型，采用 COMSOL Multiphysics 进行求解。Kang 等[47]研究了岩体在冻融条件下的 THM 耦合过程。基于质量守恒定律、能量守恒定律和静态平衡原理建立了冻融岩石 THM 耦合的控制方程，采用差分法进行求解，研究了耦合参数的确定。Zhang 和 Cheng[48]基于非平衡热力学方法建立了一个适合

饱和土的完全耦合的 THM 理论模型，将 THM 耦合系统的数学描述简化为一组迁移系数和能量函数的建模。结果表明，该模型能够准确描述饱和土的热固结和剪切基本规律。

5.3　坝体 THM 耦合分析

将混凝土坝体视为多孔介质，则蓄水时渗流的产生是必然的。温度变化受到渗流场的影响，而温度和渗流又以温度荷载和渗透力的形式作用于坝体引起变形和应力的变化，大坝与基础的变形反过来又影响渗流，因此，温度场、渗流场及变形场互相耦合，互相影响。相对岩体 THM 三场耦合的研究而言，混凝土坝体 THM 三场耦合的研究较少。

张国新和沙莎[49]介绍了混凝土坝三场耦合作用全过程仿真分析方法，开发了 THM 三场耦合全过程仿真分析软件 SAPTIS。研究表明，采用全过程多场耦合分析方法，可以很好地解释温度回升、横缝开合、库盘下沉等现象和大坝的变形时空特性。于贺[50]根据丰满大坝的观测信息确定了大坝的饱和区分布和自由面的位置；利用细观模型分析了混凝土热传导的特性，研究了混凝土在温度荷载和渗流影响的作用下裂缝形成的问题。研究表明，冻融作用下饱和区的混凝土会更容易破坏。

碾压混凝土坝的层面往往是薄弱环节，也是坝体渗透的主要通道，且其渗透性与坝体应力状态紧密相关，碾压混凝土坝体应力对层面渗流的影响，是通过坝体应力改变层面的（等效）隙宽来作用的。渗流、热传导和变形三场相互影响、相互耦合作用，如果按照全耦合统一方程求解，计算量太大，因此，一般采取弱耦合解法，即独立求解各方程。严俊等[51]将混凝土类多孔介质视为连续介质，根据动量守恒、质量守恒和能量守恒方程建立了以位移、孔隙水压力、孔隙气压力、温度和孔隙率为未知量的多场耦合数学模型，采用有限元法对大体积碾压混凝土块的 THM 三场进行了耦合分析，结果表明，考虑耦合后块体温降幅度及温度大主应力均较不考虑耦合条件下大。刘学昆[52]运用 ANSYS 研究了碾压混凝土坝在施工过程中的温度场、渗流场对应力场的影响，通过坝体浇筑过程三个物理场之间的直接耦合与间接耦合的方法，比较分析了各物理场对坝体应力影响的程度。结果表明：在坝体瞬态浇筑过程中，温度场对坝体应力值影响较大，而渗流场对坝体应力影响较小。方卫华等[53]采用 COMSOL Multiphysics 对应急除险加固后的汾河二库 RCC 重力坝进行 THM 三场耦合分析，计算结果表明渗流场、位移场和应力场总体规律正常，大部分区域在安全范围内，只有极少区域出现拉应力。

5.4　THM 耦合的有限元分析

5.4.1　THM 耦合的数学模型

THM 耦合控制方程和定解条件即构成了 THM 耦合数学模型。在建立 THM 耦合数学模型时假定：

（1）固体介质（岩体、混凝土坝体）为水饱和介质，只考虑固液两相。

（2）耦合作用过程进行缓慢，流体与周围骨架随时处于热力学平衡状态。

（3）孔隙中的流体是不可压缩的。

（4）水渗流服从 Darcy 定律，热传导遵循 Fourier 导热定律。

（5）在控制方程组中除了浮力项外，所有项的流体密度当作定值。

（6）骨架变形为小变形。

THM 耦合的基本方程（场方程）包括连续性方程、运动方程和能量方程，这三个方程是描述物质存在和运动形式的普遍物理规律。它们可分别由质量守恒定律、线动量平衡原理和能量守恒定律等三个普遍原理导出。

取一微元体，其热力学变量有绝对温度 $T = T_0 + \theta$，固体骨架和流体应变分量为 e_{ij}、ε_{ij} 和流体热力学压力 p，其中：T 为零应力-应变状态时的参考绝对温度，θ 为温度增量。由 Biot 广义 Hooke 定律可得应力、应变、温度和热力学压力之间的关系方程式为[54]

$$\sigma^{ij} = 2Ge_{ij}[\lambda e_{kk} - (1-n)\beta\theta - \alpha p]\delta_{ij} \tag{5.1}$$

$$\sigma_{kk} = 3H\varepsilon_{kk} - 3n\beta_f H\theta - \frac{3H}{R}p \tag{5.2}$$

式中：λ、G 为拉梅常数；$\beta = (3\lambda + 2G)\alpha_r$ 为热应力系数；α_r 为岩石或混凝土热膨胀系；$\alpha = \dfrac{2(1+\nu)}{3(1-2\nu)}\dfrac{G}{H}$ 为 Biot 常数；ν 为泊松比；H、R 为 Biot 第一模量和第二模量；β_f 为流体热膨胀系数；n 为孔隙率。

根据 Terzaghi 有效应力原理，有效应力可写为

$$\bar{\sigma} = \sigma - npI \tag{5.3}$$

式中：I 为单位矩阵。

取微分体，并应用体系线动量平衡律，则微分控制体的线动量平衡方程式可写为

$$\rho\frac{D\dot{\vec{u}}}{Dt} = \Delta \cdot \bar{\sigma} + \rho\vec{f} \tag{5.4}$$

式中：$\dfrac{D}{Dt} = \dfrac{\partial}{\partial t} + \bar{u} \cdot \Delta$ 为物质导数；ρ 为岩体或混凝土介质密度；$\dot{\bar{u}}$ 为岩体或混凝土介质变形率；$\vec{f}$ 为外部因素施加在物体上单位质量的外部体力场。

利用式（5.1）和式（5.3），线动量平衡方程式（5.4）变为

$$G\Delta^2 u + (\lambda + G)\Delta e - (1-n)\beta\Delta\theta - (n+\alpha)\Delta p + \rho\vec{f} = \rho\ddot{U} + \rho(\dot{U} \cdot \Delta)\dot{U} \tag{5.5}$$

其中，$e = e_{11} + e_{22} + e_{33}$；$U$ 为流体变形。式（5.5）就是变形平衡方程。

Darcy 渗透定律可写为

$$\vec{V} = -K[\Delta p + \rho_f(\theta)\vec{f}] \tag{5.6}$$

式中：$\vec{V}$ 为相对流速，可写成 $\vec{V} = \dot{U} - \dot{u} \approx \dot{U}$；$K$ 为渗透率张量；$\rho_f(\theta)$ 为与温度有关的流体密度。

式（5.1）和式（5.2）可得

$$e_{ij} = \frac{1}{2G}\sigma_{ij} - \left[\frac{\nu}{E}\sigma_{kk} - (1-n)\alpha_r\theta - \frac{p}{3H}\right]\delta_{ij} \tag{5.7}$$

$$\varepsilon_{kk} = \frac{1}{3H}\sigma_{kk} + n\beta_f\theta + \frac{p}{K} \tag{5.8}$$

式中：E 为弹性模量。

令 $\sigma = \sigma_{11} + \sigma_{22} + \sigma_{33}$，则

$$\sigma = \frac{E}{1-2\nu}e - 3(1-n)\beta\theta - \frac{E}{1-2\nu}\frac{p}{H} \tag{5.9}$$

将式（5.9）代入式（5.8）可得

$$\varepsilon = \alpha e + [n\beta_f - (1-n)\frac{\beta}{H}]\theta + \frac{p}{M} \tag{5.10}$$

式中：$\varepsilon = \varepsilon_{11} + \varepsilon_{22} + \varepsilon_{33}$；$\frac{1}{M} = \frac{1}{R} - \frac{\alpha}{H}$。

对式（5.10）进行时间偏导，且考虑质量力有势，则有

$$\Delta \cdot \{K[\Delta P + \rho_f(\theta)\psi]\} = \frac{1}{M}\frac{\partial p}{\partial t} + \alpha\frac{\partial e}{\partial t} + [n\beta_f - (1-n)\frac{\beta}{H}]\frac{\partial \theta}{\partial t} \tag{5.11}$$

式（5.11）就是流体满足的渗流方程。

根据能量守恒定律，并应用向量运算公式，可得体系的微分控制体的能量平衡方程为

$$\rho\frac{Di}{Dt} = -\Delta \cdot \vec{q} + \bar{\sigma}:\Delta\dot{u} + Rh(r - r_0) \tag{5.12}$$

式中：i 为内能；$\vec{q}$ 为热通量；R 为热供给；$h(r-r_0)$ 为 Heaviside 阶跃函数。

依上述假设条件，考虑岩体介质不可压缩性，其变形部分 $\bar{\sigma}:\Delta\dot{u}$ 可写成下式[54]：

$$\bar{\sigma}:\Delta\dot{u} = \sigma:\Delta U + (1-2n)p\frac{\partial e}{\partial t} \tag{5.13}$$

由 Fourier 热传导定律可得

$$\Delta \cdot \vec{q} = -k\Delta^2\theta \tag{5.14}$$

其中，$k = nk_f + (1-n)k_r$，k_f 为流体导热系数，k_r 为岩石或混凝土导热系数。

假设内能 $\rho\frac{Di}{Dt}$ 表示为岩石或混凝土内能和流体内能的线性和，并应用岩体或混凝土介质弹性体热力学理论和流体热力学关系，可得[54]

$$\rho\frac{Di}{Dt} = \rho c\frac{D\theta}{Dt} + n\beta_f T_0\frac{\partial p}{\partial t} + \beta T_0\frac{\partial \varepsilon}{\partial t} - np\frac{\partial \varepsilon}{\partial t} + \sigma:\Delta u \tag{5.15}$$

其中，$\rho c = \rho_r c_r + n\rho_f c_f$，$c$、$c_r$ 和 c_f 分别为饱和岩体或混凝土、岩石或混凝土和流体的比热系数。

将式（5.13）、式（5.14）、式（5.15）代入式（5.12）中，应用物质导数 $\frac{D}{Dt} = \frac{\partial}{\partial t} + U \cdot \Delta$，可得温度表示的热能平衡方程为

$$k\Delta^2\theta = \rho c\frac{\partial\theta}{\partial t} + \rho c U \cdot \Delta\theta - n\beta_f T_0\frac{\partial p}{\partial t} + (\beta T_0 + np)\frac{\partial e}{\partial t} - Rh(r-r_0) \tag{5.16}$$

5.4.2 THM 耦合的有限元离散

式（5.4）、式（5.11）、式（5.16）所描述的岩体或混凝土坝体 THM 耦合表明描述其特征的控制微分方程为非线性的，具体表现在方程中项或方程中的展开项：$\Delta p \cdot \Delta\theta$、$\dot{U} \cdot \Delta\theta$ 和 $p\frac{\partial e}{\partial t}$。由于方程中这些非线性项的存在，要找到相应的变分问题即相应的泛函

表达式较为困难，所以要从定解问题的加权积分方程出发，把加权函数与近似解取成相同的形式，来达到求解定解问题的目的。

将式（5.4）、式（5.11）、式（5.16）分别乘以加权函数 $\widetilde{U}(x,y,z,t)$、$\widetilde{p}(x,y,z,t)$ 和 $\widetilde{\theta}(x,y,z,t)$，结合相应的边界条件，可得本定解问题的加权积分方程为[54]

$$\int_\Omega \widetilde{\varepsilon}^T D^0 \varepsilon \mathrm{d}\Omega - \int_\Omega \widetilde{\varepsilon}^T (1-n)\beta I \theta \mathrm{d}\Omega - \int_\Omega \widetilde{\varepsilon}^T (n+\alpha) I p \mathrm{d}\Omega$$

$$= \int_\Omega \widetilde{U}^T \rho f \mathrm{d}\Omega + \int_{s_2} \widetilde{U}^T q_b \mathrm{d}s_2 + \int_{s_3} \widetilde{U}^T K_\infty (u_\infty - u) \mathrm{d}s_3 \qquad (5.17)$$

$$\int_\Omega \Delta \widetilde{p} K \Delta p \mathrm{d}\Omega + \int_\Omega \widetilde{p} \frac{\partial p}{\partial t} \frac{1}{M} \mathrm{d}\Omega + \int_\Omega \widetilde{p} \alpha I \frac{\partial \varepsilon}{\partial t} \mathrm{d}\Omega +$$

$$\int_\Omega \widetilde{p} \frac{\partial \theta}{\partial t} [n\beta_f - (1-n)\frac{\beta}{H}] \mathrm{d}\Omega = \int_\Omega \Delta \widetilde{p} \beta_f K \rho_0 f \theta \mathrm{d}\Omega - \int_{s_2} \widetilde{p} q \mathrm{d}s_2 \qquad (5.18)$$

$$\int_\Omega \Delta \widetilde{\theta} k \Delta \theta \mathrm{d}\Omega + \int_\Omega \widetilde{\theta} \rho c \frac{\partial \theta}{\partial t} \mathrm{d}\Omega - \int_\Omega \widetilde{\theta} (\rho c K \Delta p) \Delta \theta \mathrm{d}\Omega +$$

$$\int_\Omega \widetilde{\theta} (\rho c \beta_f K \rho_0 f \theta) \Delta \theta \mathrm{d}\Omega - \int_\Omega \widetilde{\theta} (n\beta_f T_0) \frac{\partial p}{\partial t} \mathrm{d}\Omega + \int_\Omega \widetilde{\theta} (\beta T_0 + np) I \frac{\partial \varepsilon}{\partial t} \mathrm{d}\Omega$$

$$= -\int_{s_2} \widetilde{\theta} \overline{q} \mathrm{d}s_2 + \int_{s_3} \widetilde{\theta} h_0 (\theta_\infty - \theta) \mathrm{d}s_3 + \int_\Omega \widetilde{\theta} R h (r - r_0) \mathrm{d}\Omega \qquad (5.19)$$

对式（5.17）、式（5.18）、式（5.19）在空间域实施有限元离散化，得到如下离散方程[54]：

$$\left.\begin{array}{l} R_{uu}(\overline{U}) + C_{up}(\overline{p}) + C_{u\theta}(\overline{\theta}) = F_u \\[2mm] R_{pp}(\overline{p}) + M_{pp}(\frac{\partial \overline{p}}{\partial t}) + C_{pu}(\frac{\partial \overline{U}}{\partial t}) + C_{p\theta}(\frac{\partial \overline{\theta}}{\partial t}) = F_p \\[2mm] (R_{TT} + R_{Tp} + R_{T\theta})(\overline{\theta}) + M_{TT}(\frac{\partial \overline{\theta}}{\partial t}) + C_{Tu}(\frac{\partial \overline{U}}{\partial t}) + C_{Tp}(\frac{\partial \overline{p}}{\partial t}) = F_T \end{array}\right\} \qquad (5.20)$$

其中，$R_{uu} = \int_{\Omega^e} [B]^T [D^0][B] \mathrm{d}\Omega^e$，$C_{up} = \int_{\Omega^e} [B]^T (n+\alpha) I [H] \mathrm{d}\Omega^e$，$C_{u\theta} = \int_{\Omega^e} [B]^T (1-n)\beta I [H] \mathrm{d}\Omega^e$，$F_u = -\int_{\Omega^e} [N]^T \rho f \mathrm{d}\Omega^e - \int_{s_2^e} [N]^T q_b \mathrm{d}s_2^e$，$R_{pp} = \int_{\Omega^e} [B']^T K [B'] \mathrm{d}\Omega^e$，$M_{pp} = \int_{\Omega^e} [H]^T \frac{1}{M} [H] \mathrm{d}\Omega^e$，$C_{pu} = \int_{\Omega^e} [H]^T \alpha I [B] \mathrm{d}\Omega^e$，$C_{p\theta} = \int_{\Omega^e} [H]^T [n\beta_f - (1-n)\frac{\beta}{H}][H] \mathrm{d}\Omega^e$，$F_p = \int_{\Omega^e} [B']^T \beta_f \theta_0 K \rho_0 f \mathrm{d}\Omega^e - \int_{s_2^e} [H]^T q \mathrm{d}s_2^e$，$R_{TT} = \int_{\Omega^e} [B']^T k [B'] \mathrm{d}\Omega^e$，$R_{Tp} = -\int_{\Omega^e} [H]^T (\rho c K' \Delta p_0)[B'] \mathrm{d}\Omega^e$，$R_{T\theta} = \int_{\Omega^e} [H]^T (\rho c \beta_f \theta_0 K \rho_0 f) \mathrm{d}\Omega^e$，$M_{TT} = \int_{\Omega^e} [H]^T \rho c [H] \mathrm{d}\Omega^e$，$C_{Tu} = \int_{\Omega^e} [H]^T (\beta T_0 + np_0) I [B] \mathrm{d}\Omega^e$，$^e C_{Tp} = \int_{\Omega^e} [H]^T (n\beta_f T_0)[H] \mathrm{d}\Omega^e$，$F_T = \int_{\Omega^e} [H]^T R h \times (r - r_0) \mathrm{d}\Omega^e - \int_{s_2^e} [H]^T \overline{q} \mathrm{d}s_2^e$。

其中，$[D^0]$ 为弹性矩阵；$[H] = [H_1, H_2, \cdots, H_m]$，$H$ 为压力和温度单元形函数；$[N] =$

$[IN_1, IN_2, \cdots, IN_m]$，$N$ 为位移单元形函数；$[B] = LH = [B_1, B_2, \cdots, B_m]$。

$$L = \begin{bmatrix} \dfrac{\partial}{\partial x} & 0 & 0 & 0 & \dfrac{\partial}{\partial z} & \dfrac{\partial}{\partial y} \\[3mm] 0 & \dfrac{\partial}{\partial y} & 0 & \dfrac{\partial}{\partial z} & 0 & \dfrac{\partial}{\partial x} \\[3mm] 0 & 0 & \dfrac{\partial}{\partial z} & \dfrac{\partial}{\partial y} & \dfrac{\partial}{\partial x} & 0 \end{bmatrix}^T \tag{5.21}$$

5.4.3　THM 耦合求解的有限元计算式

式（5.20）描述的是非稳定的 THM 耦合场，且是一个隐式方程组。求解该方程组，其变量 x 需要对时间 t 进行差分表示；隐式方程（非线性方程组）需进行迭代求解。

假设时间 t 由 t_0 变化到 t_1，即差分时间 $\Delta t = t_1 - t_0$ 时，变量 x 及其导数可写成如下形式：

$$x(t + \alpha \Delta t) = (1 - \alpha) x(t) + \alpha x(t + \Delta t) \quad \alpha \in [0, 1] \tag{5.22}$$

$$\frac{\mathrm{d}x(t + \alpha \Delta t)}{\mathrm{d}t} = \frac{\Delta x}{\Delta t} \tag{5.23}$$

将 $\bar{U}$、$\bar{p}$、$\bar{\theta}$、F_u、F_p、F_T 及 $\dfrac{\partial \bar{U}}{\partial t}$、$\dfrac{\partial \bar{p}}{\partial t}$、$\dfrac{\partial \bar{\theta}}{\partial t}$ 按变量 x 形式相同变换代入方程组式（5.20）得[54]

$$\left. \begin{aligned} & R_{uu} \Delta \bar{U} + C_{up} \Delta \bar{p} + C_{u\theta} \Delta \bar{\theta} = \Delta F_u \\ & C_{pu} \Delta \bar{U} + (\alpha \Delta t R_{pp} + M_{pp}) \Delta p + C_{p\theta} \Delta \bar{\theta} = \Delta t[- R_{pp} \bar{p}(t) + F_p(t) + \alpha \Delta F_p)] \\ & C_{Tu} \Delta \bar{U} + C_{Tp} \Delta \bar{p} + (\alpha \Delta t R_{TT} + M_{TT} + \alpha \Delta t R_{Tp} + \alpha \Delta t R_{T\theta}) \Delta \bar{\theta} \\ & = \Delta t[- R_{TT} \bar{\theta}(t) - R_{Tp} \bar{\theta}(t) - R_{T\theta} \bar{\theta}(t) + F_T(t) + \alpha \Delta t \Delta F_T] \end{aligned} \right\} \tag{5.24}$$

其中，$\Delta x = x(t + \Delta t) - x(t)$。

令 $X(t) = [\bar{U}(t), \bar{p}(t), \bar{\theta}(t)]^T$，$\Delta X = [\Delta \bar{U}, \Delta \bar{p}, \Delta \bar{\theta}]^T$，且 $X(t + \Delta t) = X(t) + \Delta X$，则有

$$(A + \alpha \Delta t C) \Delta X = - \Delta t C X(t) + \Delta \Phi \tag{5.25}$$

其中，$A = \begin{bmatrix} R_{uu} & C_{up} & C_{u\theta} \\ C_{pu} & M_{pp} & C_{p\theta} \\ C_{Tu} & C_{Tp} & M_{TT} \end{bmatrix}$，$C = \begin{bmatrix} 0 & 0 & 0 \\ 0 & R_{pp} & 0 \\ 0 & 0 & R_{TT} + R_{Tp} + R_{T\theta} \end{bmatrix}$，

$\Delta \Phi = \left\{ \begin{aligned} & \Delta F_u \\ & \Delta t[F_p(t) + \alpha \Delta F_p] \\ & \Delta t[F_T(t) + \alpha \Delta F_T] \end{aligned} \right\}$。

式（5.25）就是 THM 耦合有限元计算式。方程中 A、C 及 $\Delta \Phi$ 是 $X(t)$ 的函数，因此方程组必须采用迭代方法求解。

参 考 文 献

[1] ABDALLAH G，THORAVAL A，SFEIR A，et al. Thermal convection of fluid in fractured media [J]. Int J Rock MechMin Sci & Geomech Abstr，1995，32 (5)：481 - 490.

[2] HART R D，JOHN C M. Formulation of a fully - coupled thermal - mechanical - fluid model for non - linear geologic systems [J]. Int J Rock Mech Min Sic & Geornech Abstr，1986，23 (3)：213 - 224.

[3] 丁留伟，邓志辉，陈梅花，等. 地下岩体应力场-渗流场-热场三场耦合作用的数值模拟研究初探 [J]. 华南地震，2013，33 (2)：14 - 26.

[4] BEAR J，CORAPCIOGLU M Y. A mathematical model for consolidation in a thermoelastic aquifer due to hot water injection or pumping [J]. Water Resources Research，1981，17 (3)：723 - 736.

[5] NOORISHED J，TSANG C F，WITHERSPOON P A. Coupled thermal - hydraulic - mechanical phenomena in saturated fractured porous rocks：numerical approach [J]. Geophy Rcs，1984，89 (B12)：10365 - 10373.

[6] MCTIGUE DF. Thermoelastic response of fluid - saturated porous rock [J]. Geophy Rcs，1986，(91)：9553 - 9542.

[7] HART R D，JOHN C M S. Formulation of a fully - coupled thermal - mechanical - fluid model for non - linear geologic systems [J]. Int J Rock Mech Min Sic & Geomech Abstr，1986，23 (3)：213 - 224.

[8] BARTON N，BANDIS S，BAKHTAR K. Strength，deformation and conductivity coupling of rock joints [J]. Int J Rock Mech Min Sci，1985，22 (2)：121 - 140.

[9] LEWIS R W，ROBERTS P J，SCHREFLER B A. Finite element modelling of two - phase heat and fluid flow in deforming porous media [J]. Transport in Porous Media，1989，4 (4)：319 - 334.

[10] LEWIS R W，SUKIRMAN Y. Finite element modelling of three - phase flow in deforming saturated oil reservoirs [J]. Int J Numer Analy Meth Geomech，1993，17：577 - 598.

[11] JING L，TSANG C F. Stephansson. Decovalex - An international co - operative research project on mathematical models of coupled THM processes for safety analysis of radioactive waste repositories [J]. Int J Rock Mech. Min Sci & Geomech Abstr，1995，32 (5)：399 - 408.

[12] NGUYEN TS，SELVADURAI A P S. Coupled thermal - mechanica - hydrological behavior of sparsely fractured rock：implications for nuclear fuel waste disposal [J]. Int J Rock Mech Min Sci & Geomech Abstr，1995，32 (5)：465 - 479.

[13] GUVANASEN V，CHAN T. A Three - dimensional numerical model for thermo - hydro - mechanical deformation with hysteresis in a fractured rock mass [J]. Int J Rock Mech Min Sci，2000，37 (1/2)：89 - 106.

[14] RUTQVIST J，BORGESSON L，CHIJIMATSU M，et al. Thermohydromechancis of partially saturated geological media：governing equations and formulation of four finite element models [J]. Int J Rock Mech Min Sci，2001，38 (1)：105 - 128.

[15] KELKAR S，ZYVOLOSKI G. An efficient，three - dimensional，fully coupled hydro - thermo - mechanical simulator：FEHMS [J]. SPE Symposium on Reservoir Simulation，1991，SPE 21242，397 - 404.

[16] TORTIKE W S，FAROUQ A S M. Reservoir simulation integrated with geomechanics [J]. Canada Petro Tech，1993，(5)：28 - 37.

[17] GAWIN D，SCHREFLER B A，GALINDO M. Thermo - hydro - mechanical analysis of partially saturated porous materials [J]. Engng Comput，1996，13 (7)：113 - 143.

[18] PAK A，CHAN D H. A fully implicit thermal - hydro - mechanical model for modelling hydraulic fracturing in oil sands [C]. In：The 47th annual technical meeting of the petroleum society，Cal-

gary，Jun 10 - 12，1996.

[19]　BOWER K M，ZYVOLOSKI G. Numerical model for thermo - hydro - mechanical coupling in fractured rock [J]. Int J Rock Mech Mining Sci，1997，34 (8)：1201 - 1211.

[20]　GATMIRI B，DELAGE P. A formulation of fully coupled thermal - hydro - mechanical behavior of saturated porous media - numerical approach [J]. Int J Numer Ana Meth Geomech，1997，21 (3)：199 - 225.

[21]　NEAUPANE KM，YAMABE T，YOSHINAKA R. Simulation of a fully coupled thermo - hydro - mechanical system in freezing and thawing rock [J]. Int J Rock Mech Min Sci 1999，36 (5)：563 - 580.

[22]　WANG W，KOSAKOWSKI G，KOLDITZ O. A parallel finite element scheme for thermo - hydro - mechanical (THM) coupled problems in porous media [J]. Computers and Geosciences，2009，35 (8)：1631 - 1641.

[23]　OLIVELLAS S，GENS A. Double structure THM analysis of a heating test in a fracture tuff incorporating intrinsic permeability variations [J]. Int J Rock Mech Min Sci，2005，42 (6)：667 - 679.

[24]　MILLARD A，DURIN M，STIETEL A，et al. Discrete and continuum approaches to simulate the Thermo - Hydro - Mechanical couplings in a large fractured rock mass [J]. Int J Rock Mech Min Sci & Geomech Abstr，1995，32 (5)：409 - 434.

[25]　OHNISHI Y，BAYASHI A，Nishigaki M. 地下工程围岩的热力水力力学特性 [A]. 朱敬民，鲜学福，黄荣樽，译. 岩石力学的进展——第六届国际岩石力学会议论文选集 [C]. 重庆：重庆大学出版社，1990：72 - 77.

[26]　SALOMONI VA. A mathematical framework for modelling 3D coupled THM phenomena within saturated porous media undergoing finite strains [J]. Composites Part B，2018，146：42 - 48.

[27]　BEKELE YW，KYOKAWA H，KVARVING AM，et al. Isogeometric analysis of THM coupled processes in ground freezing [J]. Computers and Geotechnics，2017，88：129 - 145.

[28]　仵彦卿. 岩体水力学基础 (三)——岩体渗流场与应力场耦合的集中参数模型及连续介质模型 [J]. 水文地质工程地质，1997 (2)：54 - 57.

[29]　黄涛，杨立中，陈一立. 工程岩体地下水渗流-应力-温度耦合作用数学模型的研究 [J]. 西南交通大学学报，1999，34 (1)：11 - 15.

[30]　梁冰，刘建军，范厚彬，等. 非等温条件下煤层中瓦斯流动的数学模型及数值解法 [J]. 岩石力学与工程学报，2000，19 (1)：1 - 5.

[31]　刘建军，刘先贵. 开发过程中三场耦合的数学模型 [J]. 特种油气藏，2001，8 (2)：31 - 37.

[32]　赵阳升，王瑞凤，胡耀青，等. 高温岩体地热开发的块裂介质固流热耦合三维数值模拟 [J]. 岩石力学与工程学报，2002，21 (12)：1751 - 1755.

[33]　赖远明，吴紫汪，朱元林，等. 寒区隧道温度场、渗流场和应力场耦合问题的非线性分析 [J]. 岩土工程学报，1999，21 (58)：529 - 533.

[34]　赵阳升，杨栋，冯增朝，等. 多孔介质多场耦合作用理论及其在资源与能源工程中的应用 [J]. 岩石力学与工程学报，2008，27 (7)：1321 - 1328.

[35]　黄涛，杨立中. 渗流应力温度耦合下裂隙围岩隧道涌水量的预测 [J]. 西南交通大学学报 (自然科学版)，1999，34 (5)：554 - 559.

[36]　孟陆波，李天斌，杜宇本，等. THM 耦合作用下千枚岩隧道大变形机理 [J]. 中国铁道科学，2016，37 (5)：66 - 73.

[37]　孔祥言，李道伦，徐献芝，等. 热-流-固耦合渗流的数学模型研究 [J]. 水动力学研究与进展，2005，20 (2)：269 - 275.

[38]　盛金昌. 多孔介质流-固-热三场全耦合数学模型及数值模拟 [J]. 岩石力学与工程报，2006，25

（1）：3028－3033.

[39] 赵延林，王卫军，曹平，等．不连续面在双重介质热-水-力三维耦合分析中的有限元数值实现 [J]．岩土力学，2010，31（2）：638－644.

[40] 刘亚晨．核废料贮存围岩介质 THM 耦合过程的力学分析 [J]．地质灾害与环境保护，2006，17 （1）：54－57.

[41] 刘亚晨．核废料贮存围岩介质 THM 耦合过程的数值模拟 [J]．地质灾害与环境保护，2006，17 （2）：78－82.

[42] 孙培德．地质系统热-水-力耦合作用的随机建模初步研究 [J]．岩土力学，2003，24（增刊）： 39－42.

[43] 吉小明．饱和多孔岩体中温度场渗流场应力场耦合分析 [J]．广东工业大学学报，2006，23（3）： 46－53.

[44] 张志超．饱和岩土体多场耦合热力学本构理论及模型研究 [D]．北京：清华大学，2013.

[45] 张玉军．遍有节理岩体的双重孔隙-裂隙介质热-水-应力耦合模型及有限元分析 [J]．岩石力学与 工程学报，2009，28（5）：947－955.

[46] LIU W, ZHAO J, NIE R, et al. A coupled thermal－hydraulic－mechanical nonlinear model for fault water inrush [J]. Processes，2018，6（8）：120.

[47] KANG Y, LIU Q, HUANG S. A fully coupled thermo－hydro－mechanical model for rock mass under freezing/thawing condition [J]. Cold Regions Science and Technology，2013，95：19－26.

[48] ZHANG Z, CHENG X. A fully coupled THM model based on a non－equilibrium thermodynamic approach and its application [J]. Int J Numer Anal Meth Geomech，2017，41：527－554.

[49] 张国新，沙莎．混凝土坝全过程多场耦合仿真分析 [J]．水利水电技术，2015，46（6）：87－93.

[50] 于贺．高寒地区混凝土大坝冻融破坏机理研究 [D]．大连：大连理工大学，2011.

[51] 严俊，魏迎奇，蔡红，等．多场耦合下大体积混凝土初次蓄水的温度应力问题研究 [J]．湖南大 学学报（自然科学版），2016，43（5）：30－38.

[52] 刘学昆．考虑多场耦合的碾压混凝土坝温度及应力数值模拟研究 [D]．天津：天津大学，2012.

[53] 方卫华，王润英，许珉凡．汾河二库 RCC 重力坝应急除险加固后多场耦合三维有限元分析 [J]． 大坝与安全，2017（6）：24－29.

[54] 刘亚晨，席道瑛．核废料贮存裂隙岩体中 THM 耦合过程的有限元分析 [J]．水文地质工程地质， 2003（3）：81－87.

第6章　汾河二库大坝安全预警指标拟定

针对大坝自身特点，设置特定的安全监测项目，制定科学合理的监测预警指标，对其变形与稳定等进行全面监测与分析，实现大坝安全性态的综合评价，有利于保证大坝的安全运行。常见的监控指标有变形监控指标、渗流和扬压力监控指标、应力监控指标等。根据国内外大坝安全监测的实践经验，变形易于观测、精度高，也是大坝安全最主要的监测量。本章通过拟定汾河二库碾压混凝土坝的变形监测预警指标，以供大坝运行观测参考。

6.1　工　程　概　况

6.1.1　地理位置

汾河二库位于太原市尖草坪区与阳曲县交界的悬泉寺，上游距汾河水库 80km，下游距太原市区 30km。坝址控制流域面积 2348km²，多年平均入库径流量 1.45 亿 m³，总库容 1.33 亿 m³。

6.1.2　水文气象

汾河水库—汾河二库区间年平均降水量为 490mm，年平均降水日数为 80 天；汾河二库年平均气温 9.5℃，月平均最高气温 29.5℃（7 月），月平均最低气温－13.0℃（1 月）；年平均水面蒸发深 968mm；最大冻土深度 100cm；平均无霜期 170 天。

流域洪水主要由暴雨形成，暴雨的地区分布不均，大面积暴雨发生次数较少，常以局部洪水为主。流域内降水年内分配不均，大洪水多发生在 7—8 月，最早涨洪时间为 5 月上旬，最晚为 10 月下旬。

汾河水库—汾河二库位于古交山峡区间，河谷狭窄，河道较陡，洪水暴涨暴落，峰型多为历时短、尖瘦的峰。通常暴雨历时较短，一般洪水历时仅为 1～3 天，而形成的洪水峰大量小。汾河水库上游流域内与汾河水库—二库区间洪水相遇机会较少。

6.1.3　水库基本特性

汾河二库主要由大坝、供水发电洞和引水式发电站等建筑物组成。总库容 1.33 亿 m³，水库工程规模为大（2）型，工程等别为Ⅱ等，主要建筑物拦河大坝、供水发电洞为 2 级建筑物，引水式发电站为 4 级建筑物。防洪标准按 100 年一遇洪水设计，1000 年一遇洪水校核，水库正常蓄水位 905.70m，死水位 885.00m，汛限水位 905.70m，设计洪水位 907.32m，设计泄量 3450m³/s，校核洪水位 909.92m，校核泄量 5168m³/s。根据《中国地震动参数区划图》（GB 18306—2015），坝址区地震基本烈度为Ⅷ度。

6.1.4 主要水工建筑物

汾河二库枢纽工程由拦河大坝、供水发电洞和水电站组成。拦河大坝为碾压混凝土重力坝，坝顶长 227.7m，坝顶高程为 912.0m，最大坝高 88m。河床中部设 3 孔溢流表孔，每孔净宽 12m，堰顶高程为 902.0m，弧形钢闸门控制。溢流表孔两侧，各布置两孔泄流冲沙底孔，进口底高程为 859.0m，进口设事故检修平板门，出口设弧形工作门。两岸挡水坝段，坝顶宽 7.5m，下游坝面坡比 1：0.75。供水发电隧洞布置在右岸，主洞长 399.465m，钢筋混凝土衬砌后的内径为 4m。主洞进口设进水塔，塔内设事故检修门和拦污栅。主洞出口设有弧形工作门，在主洞桩号 0+319.915m 引发电支洞至大坝下游右岸的露天式电站厂房，电站装机 3×3200kW。

6.1.5 工程建设概况

1992 年 3 月，由山西省政府批准，山西省水利厅正式组建"山西省汾河二库建设总指挥部"，负责汾河二库工程的建设任务，并开始工程的四通一平等前期准备工作。1996 年 9 月导流洞全线贯通，10 月成功截流，1998 年 8 月浇筑大坝混凝土，1999 年 8 月左右岸泄流冲沙底孔坝段浇至高程 911.70m，溢流表孔坝段浇至高程 895.00m，具备下闸蓄水条件，1999 年 12 月导流洞封堵，实现用泄流冲沙底孔事故检修闸门临时蓄水的目标。2000 年 6 月水利部水利水电规划设计总院完成大坝蓄水安全鉴定，2007 年 7 月主体工程竣工验收。

2013 年 2 月山西省水利厅组织专家对全省水库蓄水安全进行专项检查，认为汾河二库存在安全隐患，包括主体工程竣工验收时遗留的大坝灌浆工程仍未实施；上、下游坝面及坝体内有裂缝；上游坝面防水保温层脱落损坏严重，坝体有渗水；排水廊道排水设备严重老化，不能实现自动排水等，要求进行应急专项除险加固。

2013 年 5 月山西省水利水电勘测设计研究院编制完成《汾河二库应急专项除险加固工程实施方案》初稿，经山西省水利厅组织专家多次审查，2014 年 6 月山西省水利水电勘测设计研究院编制完成了《汾河二库应急专项除险加固工程实施方案》，2014 年 7 月山西省水利厅以晋水规计函〔2014〕472 号文件对实施方案报告进行了批复。2014 年 12 月汾河二库进行了应急专项除险加固，2016 年 9 月应急专项除险加固工程竣工验收。

6.1.6 地质条件

坝址区为中山峡谷地形，地形高差大于 300m。坝线选在汾河的较平直段，该处河流流向 NE44°，河床高程 856.00m，宽 125.00m，两岸谷坡基本对称，下部谷坡近直立，往上逐渐变缓，高程 910.00m 以上谷坡平缓。此段左岸发育二条较大冲沟，沟间分布Ⅲ级阶地，阶面高程 900.00～960.00m，基座型，基座高程 895.00～897.00m。Ⅰ、Ⅱ级堆积阶地分布于坝址下游。河床覆盖层砂砾石层厚 26～28m。Ⅲ级阶地堆积物厚度近 40m，底部 2～3m 为砂砾石，上部 5～31m 为块碎石夹中细砂透镜体，表层 1～3m 为壤土。两岸高程 940.00m 以下基岩为奥陶系下统白云岩夹薄层状泥质白云岩，河床高程 830m 以下为寒武系上统白云岩。坝址位于 NE 向悬泉寺短轴背斜的 NW 翼，地层产状 285°～300°/SW∠2°～4°。发育高倾角断层 4 条，其中 F_9、F_{10} 分别分布大坝坝踵和坝趾附近，产状 300°～318°/SW∠75°～84°，F₉规模较小，构造岩宽 1～5cm，方解石及泥钙质胶结；F₁₀岸边部分规模较小，宽 0.3m；河床部分由 4 条宽 10～50cm 小断层组成断层束，构成 10m 宽的破碎带。此外发育 NE 向缓倾角小断层 7 条，其中 F_1、F_2 分布河床，产状 46°/SE∠7°～10°。构造岩宽 0.1～0.9m，充填碎石、岩屑、夹泥等。其余 5 条分布岸坡上，构造岩宽 1～40cm 不等。构造裂隙有 5 组，走向分别为 NWW、NW、NNE、NE、NEE 倾角陡立。

岩体透水性与岩性关系密切，白云岩岩溶化程度较低，一般多为溶隙和孤立的小溶孔，但沿层面可见到小溶洞成层分布现象，在坝基开挖编录图上，两岸可见 4 层，分布高程在 846.00m、856.00m、866.00m、875.00m 附近。钻孔压水资料，两岸除表部 20m 较大外，透水率一般小于几个 Lu，河床浅部通水率 0.2～1300Lu，在高程 785.00～790.00m 处发育岩溶通道，透水率达 4500～5800Lu。两岸地下水补给河床，但地下水位甚低，水力坡降仅为 0.5%～1.5%。坝基寒武系上统白云岩的物理力学指标：容重 27.7～28.4kN/m³；饱和吸水率 0.13%～1.40%；饱和抗压强度 95.59～179.60MPa；软化系数 0.67～0.93。奥陶系下统白云岩的物理力学指标：容重 27.0～28.3kN/m³；饱和吸水率 0.12%～0.83%；饱和抗压强度 67～239MPa；软化系数 0.56～0.86。寒武系上统及奥陶系下统各层白云岩的物理力学指标虽有差异，但都属坚硬岩类。

6.2　有限元计算模型

采用包含坝体和地基的空间整体三维模型进行有限元分析，地基范围向上游、下游和深度方向取 1.5～2 倍坝高，左右岸方向平均取 1～1.5 倍坝高。计算范围为：地基底面高程为 680m，地基自坝踵向上游延伸约 150m，自坝趾向下游延伸约 150m。整体坐标系 $OXYZ$ 的 X 轴正向从上游指向下游；Y 轴正向沿坝轴从右岸指向左岸，Z 轴正向竖直向上；$z=0$ 设在高程 0.0m 上。三维整体模型如图 6.1 所示。

（a）坝体-地基系统三维模型（下游视角）　　　（b）坝体-地基系统三维模型（上游视角）

图 6.1（一）　三维整体模型

三维整体模型的重力坝和地基均采用六面体八结点线性单元进行有限元网格剖分，整个重力坝-地基的有限元网格基本模拟了大坝的体形、结构和地基等，共计单元 83532 个，

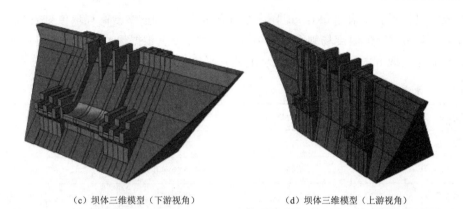

（c）坝体三维模型（下游视角）　　　　　（d）坝体三维模型（上游视角）

图 6.1（二）　三维整体模型

结点 97984 个，如图 6.2 所示。地基上、下游面 X 方向位移约束，地基左、右侧面 Y 方向位移约束，地基底部 X、Y 和 Z 三向位移均约束。

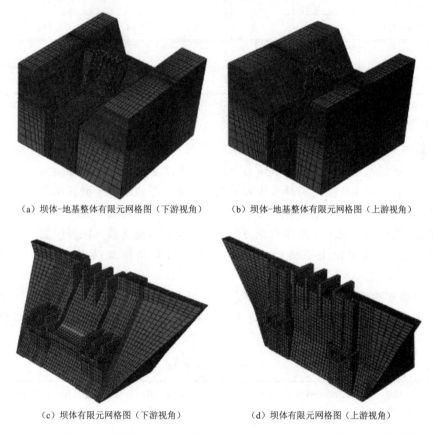

（a）坝体-地基整体有限元网格图（下游视角）　　　（b）坝体-地基整体有限元网格图（上游视角）

（c）坝体有限元网格图（下游视角）　　　　　（d）坝体有限元网格图（上游视角）

图 6.2　有限元网格

计算考虑的荷载主要包括坝体自重，水压力、淤沙压力、渗透压力和温度荷载等。计算所用特征水位见表 6.1，水的重度采用 $9.81 kN/m^3$。渗流荷载在应力场-渗流场耦合计算中计入。淤沙浮容重取 8.0kN/m^3，内摩擦角取 $12°$，坝前淤沙高程取值见表 6.2。温度荷载在应力场-渗流场-温度场耦合计算中计入。边界温度根据规范和气温资料选取，混凝土的线热胀系数取 $8×10^{-6}$（$1/℃$）。坝址处月平均气温见表 6.3。

表 6.1　水库运行期特征水位表

特征水位	上游水位/m	相应下游水位/m
正常蓄水位	905.00	855.70
设计洪水位	907.32	860.60
校核洪水位	909.92	863.00

表 6.2　各坝段坝前淤沙设计高程

坝　段	高程/m
挡水坝段	875.00
泄流冲沙底孔坝段	870.00
溢流坝段	875.00

注　由于没有实测资料，按设计淤沙高程考虑，淤沙容重和内摩擦角均参照工程类比和经验给定。

表 6.3　坝址区月平均气温

月　份	1	2	3	4	5	6
月平均气温/℃	−6.7	−3	3.7	11.4	17.7	21.7
月　份	7	8	9	10	11	12
月平均气温/℃	23.5	21.9	16.1	10	2.1	−4.8

注　线胀系数根据《水工混凝土结构设计规范》（SL 191—2008）选取。由于没有施工实测资料，初始温度场假定为按照当地年平均气温形成的温度场。

三维整体多场耦合有限元计算工况包括以下五种荷载组合：

工况 1：正常蓄水位上下游静水压力＋坝体自重＋渗流荷载＋淤沙压力。

工况 2：设计洪水位上下游静水压力＋坝体自重＋渗流荷载＋淤沙压力。

工况 3：校核洪水位上下游静水压力＋坝体自重＋渗流荷载＋淤沙压力。

工况 4：设计洪水位上下游静水压力＋坝体自重＋渗流荷载＋淤沙压力＋温度升高。

工况 5：正常蓄水位上下游静水压力＋坝体自重＋渗流荷载＋淤沙压力＋温度降低。

坝体和坝基均采用弹塑性本构关系，且满足 Drucker - Prager 屈服准则。坝体混凝土材料和坝基材料力学参数取值分别见表 6.4 和表 6.5，坝体混凝土材料热学特性参数见表 6.6。

表 6.4　混凝土力学参数

混凝土标号	容重/（kN/m³）	弹性模量/GPa	泊松比	抗拉强度/MPa	抗压强度/MPa	渗透系数/（cm/s）
$R_{90}100$	25.3	20.9	0.167	2.9	24.5	$0.783×10^{-8}$
$R_{90}200$	25.3	26.9	0.167	3.2	34.1	$0.261×10^{-8}$

注　由于混凝土渗透系数没有实测值，因此根据相关论文中试验值选取。根据任峰等的论文可知：R90200 抗渗性＞S8，R90100 抗渗性＞S4，然后换算得到。[任峰，张桂珍，张桂梅，等 . 汾河二库大坝碾压混凝土现场试验 [J]. 山西水利科技，2000（增刊）：97 - 99.]

表 6.5   坝 基 材 料 力 学 参 数

岩 体	容重/（kN/m³）	弹性模量/GPa	泊松比	内摩擦角/（°）	黏聚力/MPa	渗透系数/（cm/s）
薄层条带白云岩	28	19.5	0.26	36	2.3	1.74×10^{-5}
中厚结晶白云岩层	28	59.4	0.26	37	3.1	1.74×10^{-5}
白云岩	27	27	0.18	35	1.5	1.74×10^{-5}
白云岩	28	45.1	0.26	37	2.8	1.74×10^{-5}

表 6.6   混 凝 土 热 学 特 性 指 标

项　　目	数　　值
导热系数 λ_c/［kJ/（m・h・℃）］	10.6
比热容 c_c/［kJ/（kg・℃）］	0.96
导温系数 a_c/［m²/h］	0.0045
表面放热系数 λ_c/［J/（m²・s・℃）］	空气中：$6.42 + 3.83\,v_0$
	水中：∞

注 1. v_0 为计算风速，m/s。
　　2. 混凝土热学特性指标没有实测数据，根据《水工混凝土结构设计规范》（SL 191—2008）确定。本处计算
　　　风速采用 2m/s，根据 50 kJ/（m²・h・℃）取值而定。

6.3 计 算 结 果

各工况下坝体位移云图如图 6.3～图 6.57 所示，分别给出了整体云图和各个坝段典型剖面云图（左挡水坝段典型剖面桩号 0+71.5，右挡水坝段典型剖面桩号 0+175.0，左底孔坝段典型剖面桩号 0+91.8，右底孔坝段典型剖面桩号 0+154.6，溢流坝段典型剖面桩号 0+125.0）。顺河向位移以向下游为正，横河向位移以向左岸为正，竖向位移以向上为正。

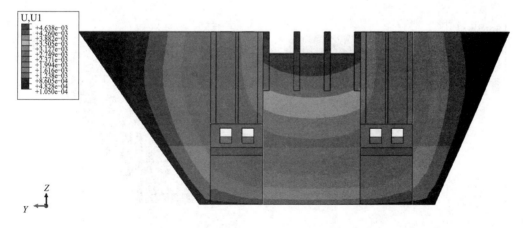

图 6.3 坝体上游面顺河向位移（工况 1，m）

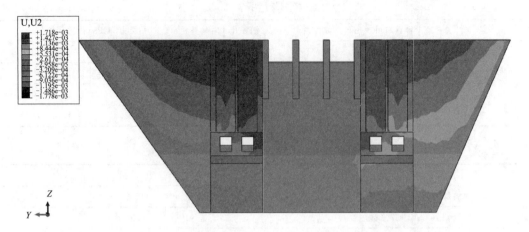

图 6.4　坝体上游面横河向位移（工况 1，m）

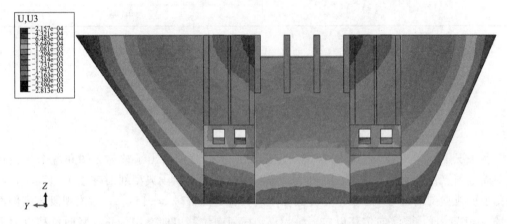

图 6.5　坝体上游面竖向位移（工况 1，m）

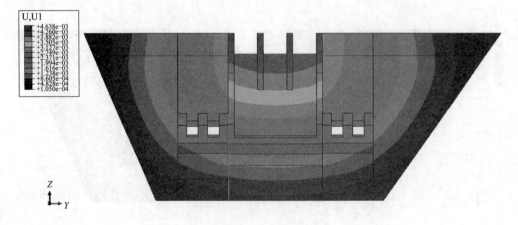

图 6.6　坝体下游面顺河向位移（工况 1，m）

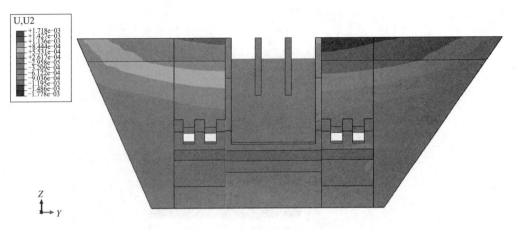

图 6.7 坝体下游面横河向位移（工况 1，m）

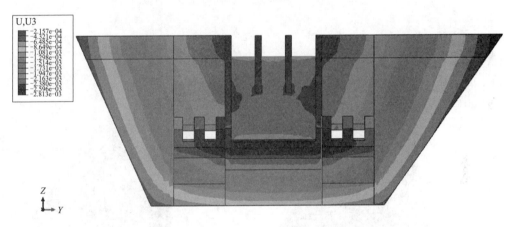

图 6.8 坝体下游面竖向位移（工况 1，m）

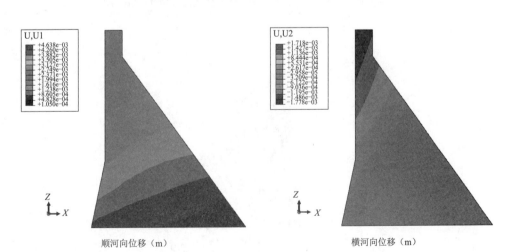

顺河向位移（m）   横河向位移（m）

图 6.9（一） 左挡水坝段典型剖面位移云图（工况 1）

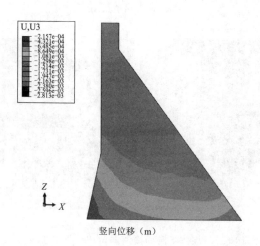

竖向位移（m）

图 6.9（二）　左挡水坝段典型剖面位移云图（工况 1）

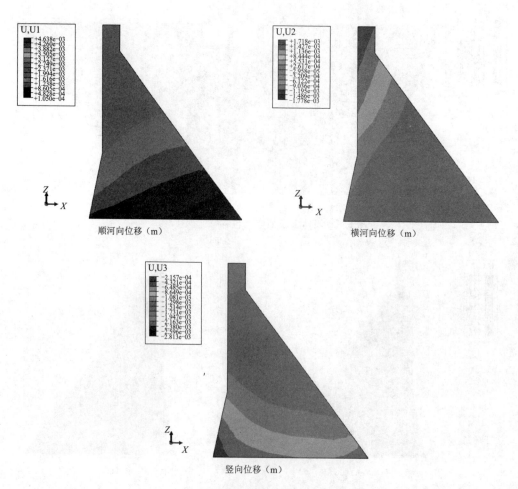

图 6.10　右挡水坝段典型剖面位移云图（工况 1）

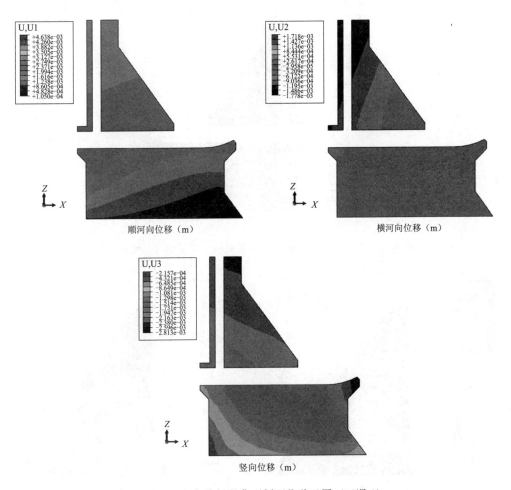

图 6.11 左底孔坝段典型剖面位移云图（工况 1）

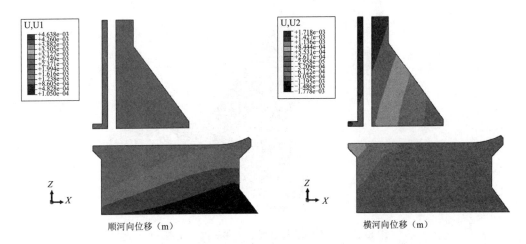

图 6.12（一） 右底孔坝段典型剖面位移云图（工况 1）

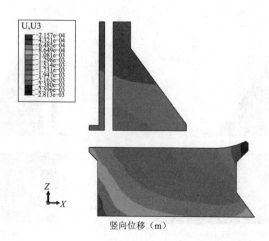

竖向位移（m）

图 6.12（二）　右底孔坝段典型剖面位移云图（工况 1）

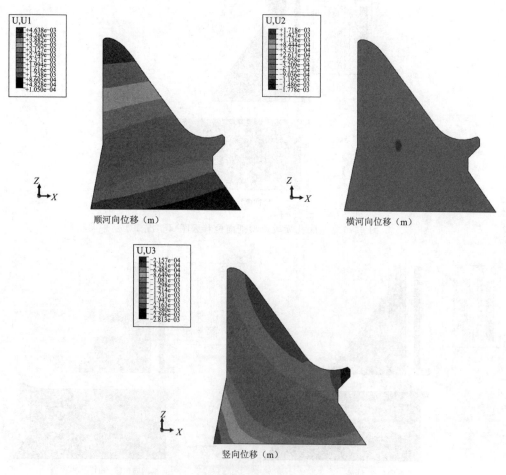

顺河向位移（m）　　　　　　　　横河向位移（m）

竖向位移（m）

图 6.13　溢流坝段典型剖面位移云图（工况 1）

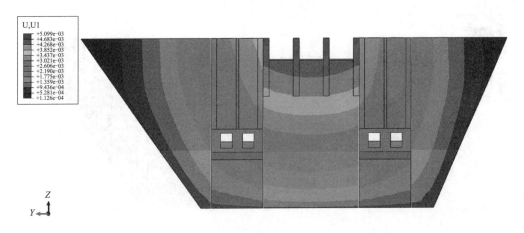

图 6.14　坝体上游面顺河向位移（工况 2，m）

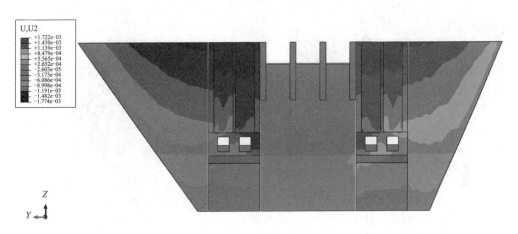

图 6.15　坝体上游面横河向位移（工况 2，m）

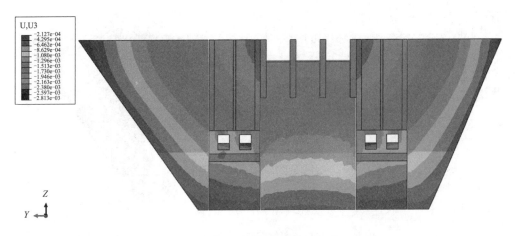

图 6.16　坝体上游面竖向位移（工况 2，m）

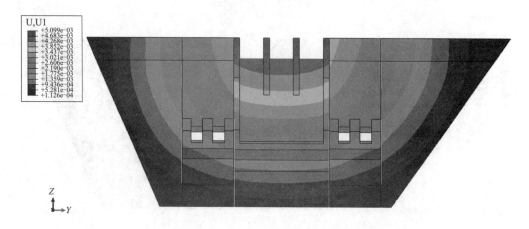

图 6.17　坝体下游面顺河向位移（工况 2，m）

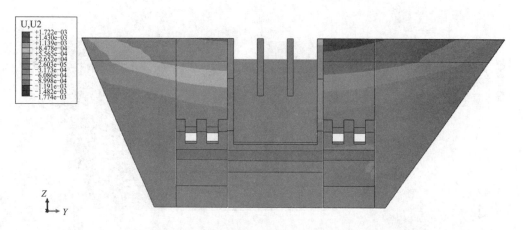

图 6.18　坝体下游面横河向位移（工况 2，m）

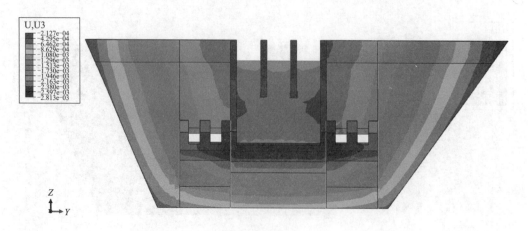

图 6.19　坝体下游面竖向位移（工况 2，m）

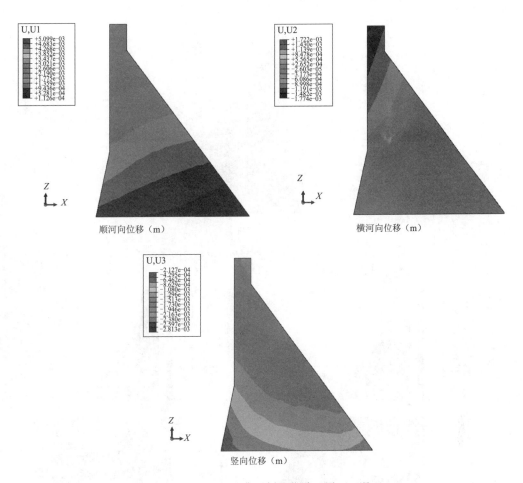

图 6.20 左挡水坝段典型剖面位移云图（工况 2）

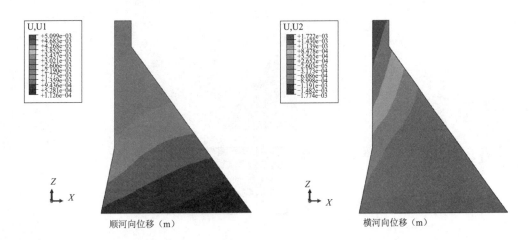

图 6.21（一） 右挡水坝段典型剖面位移云图（工况 2）

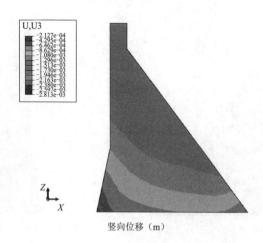

图 6.21（二）　右挡水坝段典型剖面位移云图（工况 2）

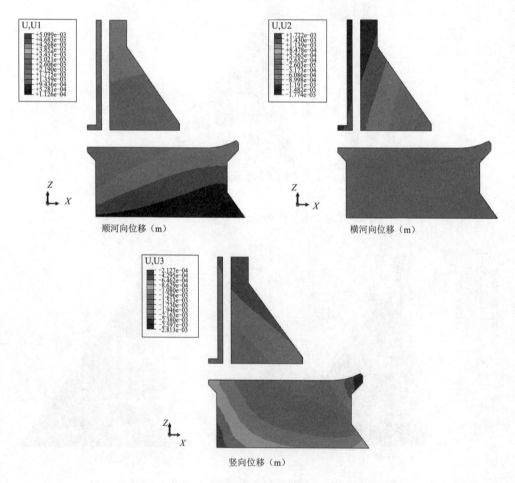

图 6.22　左底孔坝段典型剖面位移云图（工况 2）

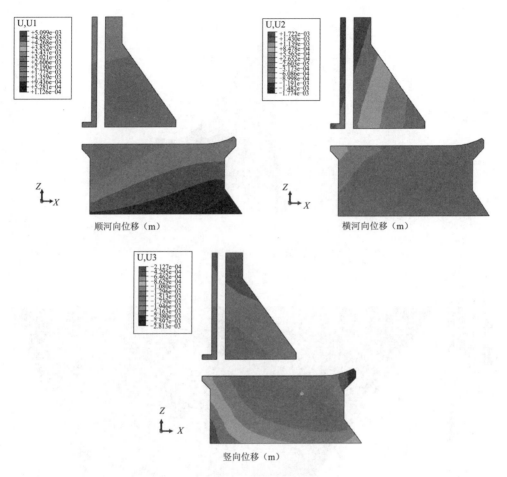

图 6.23 右底孔坝段典型剖面位移云图（工况 2）

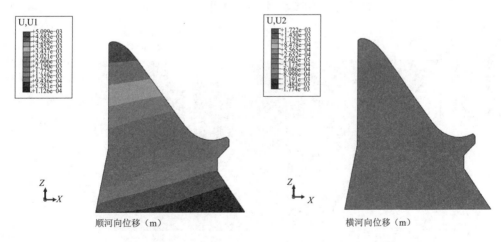

图 6.24（一） 溢流坝段典型剖面位移云图（工况 2）

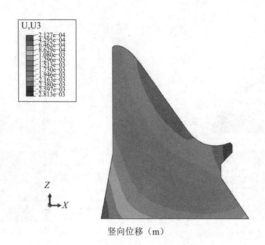

竖向位移（m）

图 6.24（二）　溢流坝段典型剖面位移云图（工况 2）

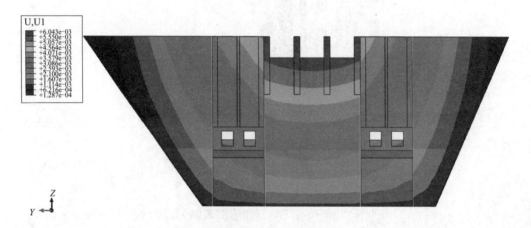

图 6.25　坝体上游面顺河向位移（工况 3，m）

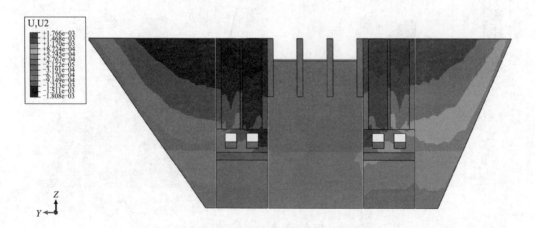

图 6.26　坝体上游面横河向位移（工况 3，m）

图 6.27 坝体上游面竖向位移（工况 3，m）

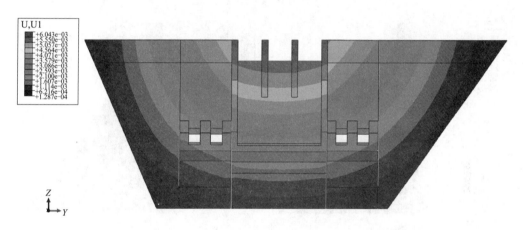

图 6.28 坝体下游面顺河向位移（工况 3，m）

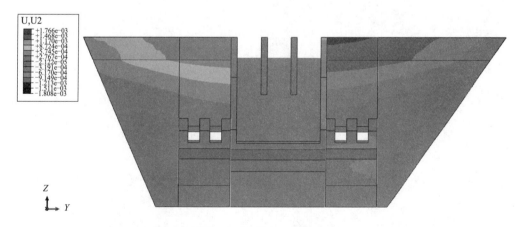

图 6.29 坝体下游面横河向位移（工况 3，m）

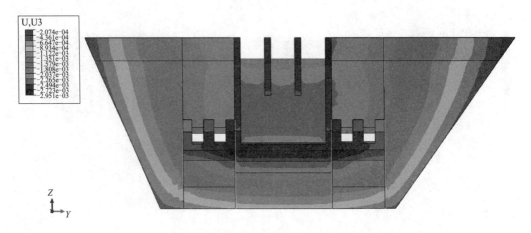

图 6.30   坝体下游面竖向位移（工况 3，m）

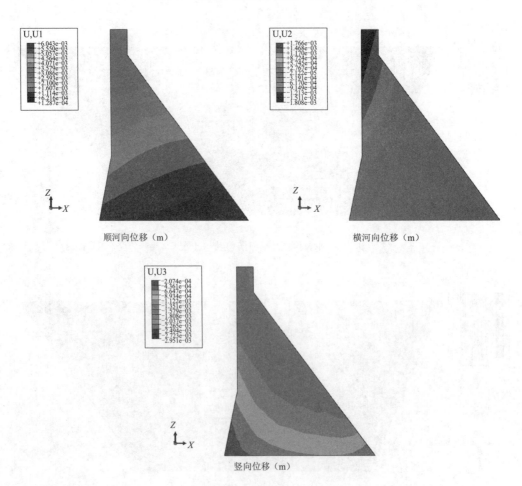

图 6.31   左挡水坝段典型剖面位移云图（工况 3）

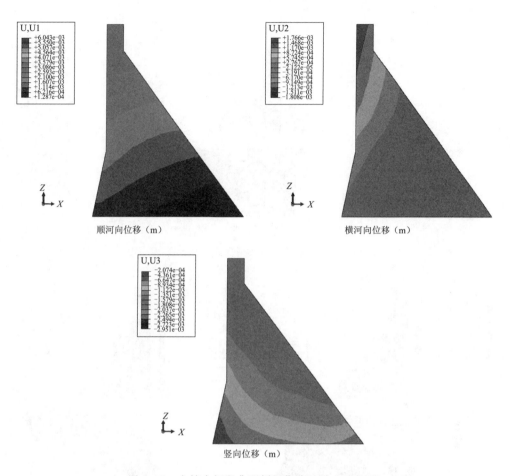

图 6.32　右挡水坝段典型剖面位移云图（工况 3）

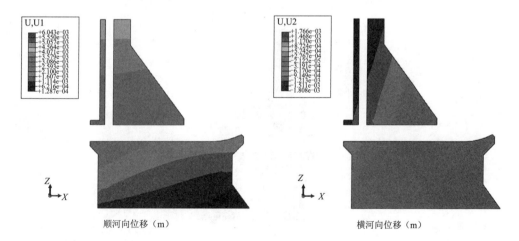

图 6.33（一）　左底孔坝段典型剖面位移云图（工况 3）

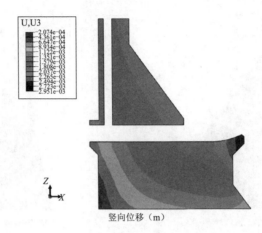

竖向位移（m）

图 6.33（二）　左底孔坝段典型剖面位移云图（工况 3）

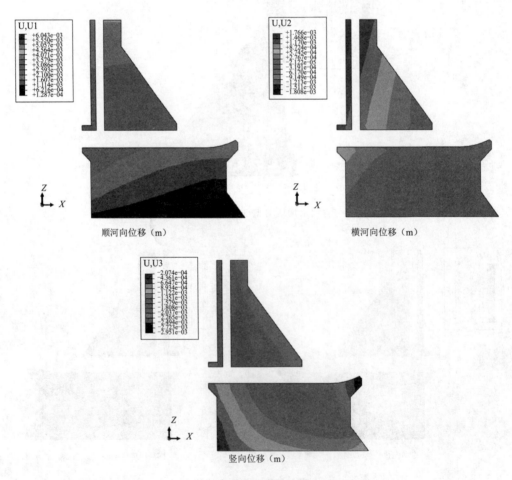

顺河向位移（m）　　　　　　　　　　　横河向位移（m）

竖向位移（m）

图 6.34　右底孔坝段典型剖面位移云图（工况 3）

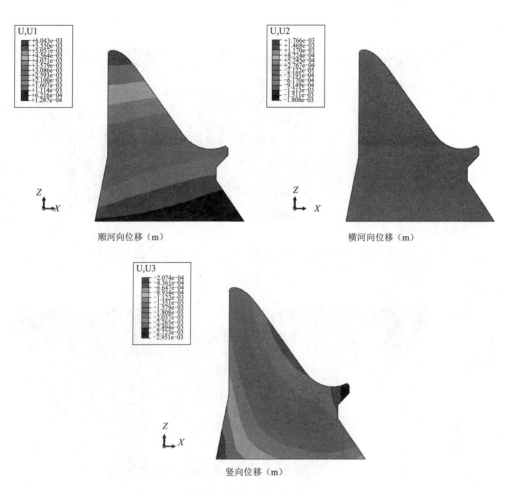

图 6.35 溢流坝段典型剖面位移云图（工况 3）

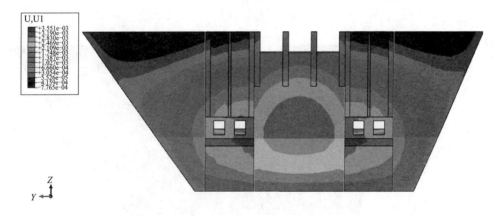

图 6.36 坝体上游面顺河向位移（工况 4，m）

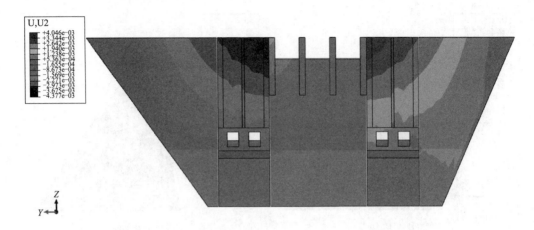

图 6.37　坝体上游面横河向位移（工况 4，m）

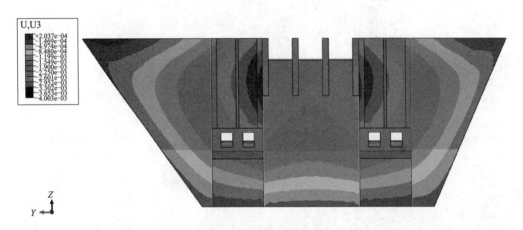

图 6.38　坝体上游面竖向位移（工况 4，m）

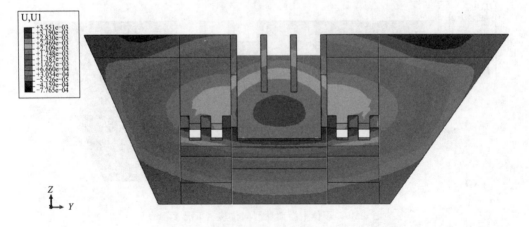

图 6.39　坝体下游面顺河向位移（工况 4，m）

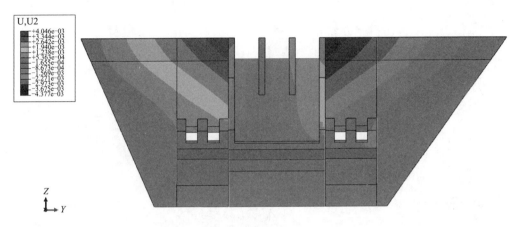

图 6.40 坝体下游面横河向位移（工况 4，m）

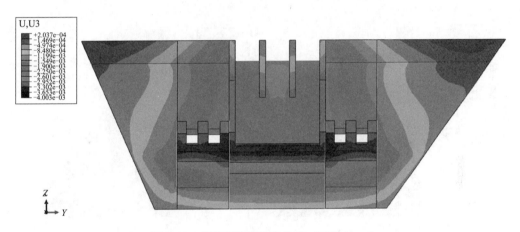

图 6.41 坝体下游面竖向位移（工况 4，m）

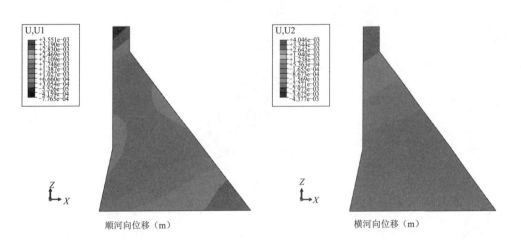

顺河向位移（m）　　　　　　　横河向位移（m）

图 6.42（一） 左挡水坝段典型剖面位移云图（工况 4）

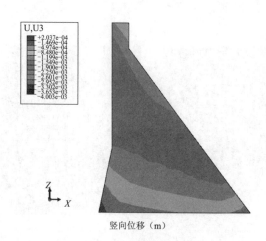

图 6.42（二）　左挡水坝段典型剖面位移云图（工况 4）

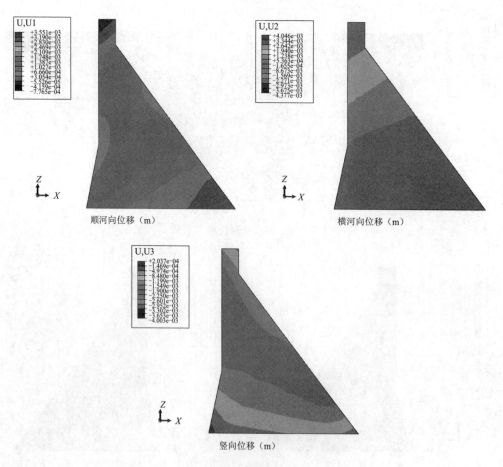

图 6.43　右挡水坝段典型剖面位移云图（工况 4）

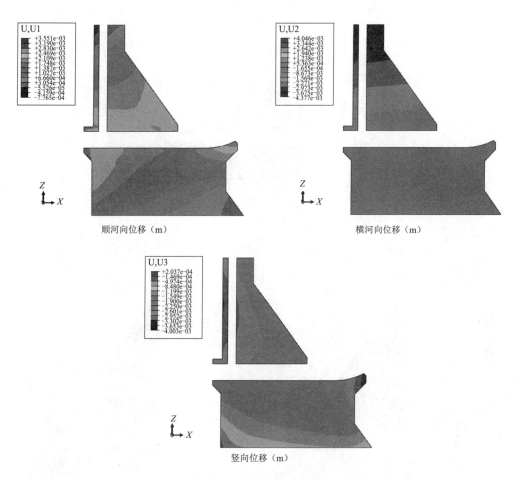

图 6.44　左底孔坝段典型剖面位移云图（工况 4）

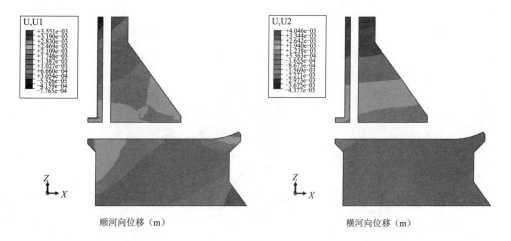

图 6.45（一）　右底孔坝段典型剖面位移云图（工况 4）

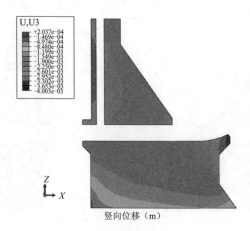

图 6.45（二）　右底孔坝段典型剖面位移云图（工况 4）

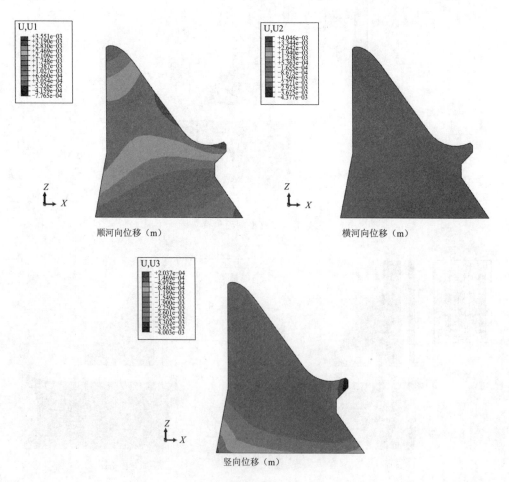

图 6.46　溢流坝段典型剖面位移云图（工况 4）

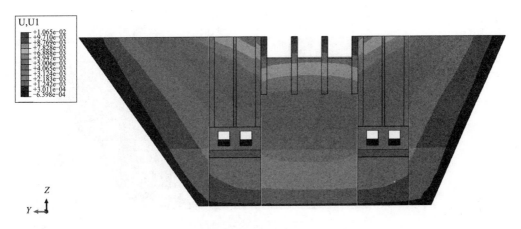

图 6.47　坝体上游面顺河向位移（工况 5，m）

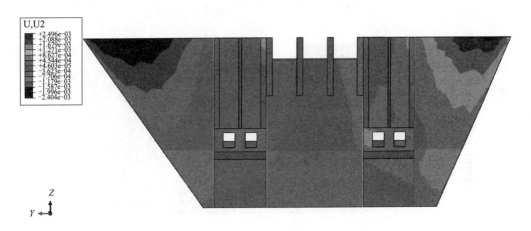

图 6.48　坝体上游面横河向位移（工况 5，m）

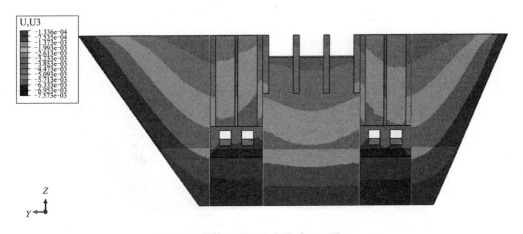

图 6.49　坝体上游面竖向位移（工况 5，m）

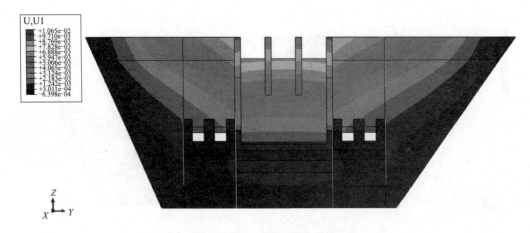

图 6.50   坝体下游面顺河向位移（工况 5，m）

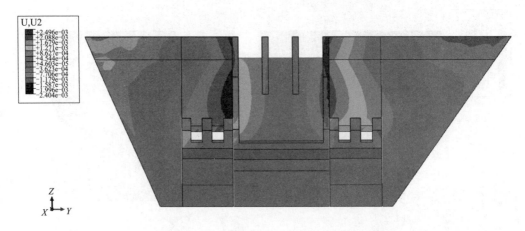

图 6.51   坝体下游面横河向位移（工况 5，m）

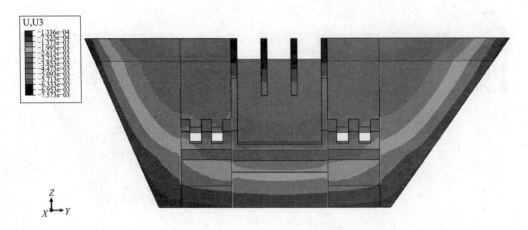

图 6.52   坝体下游面竖向位移（工况 5，m）

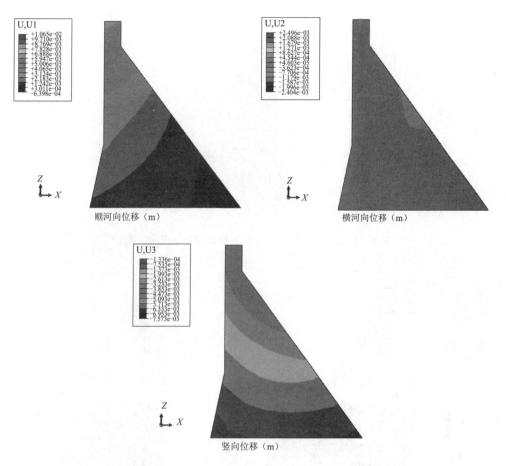

图 6.53 左挡水坝段典型剖面位移云图（工况 5）

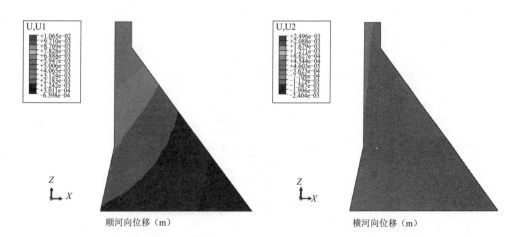

图 6.54（一） 右挡水坝段典型剖面位移云图（工况 5）

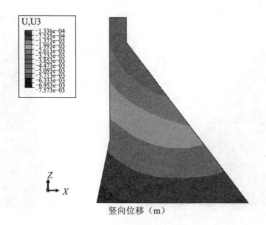

竖向位移（m）

图 6.54（二）   右挡水坝段典型剖面位移云图（工况 5）

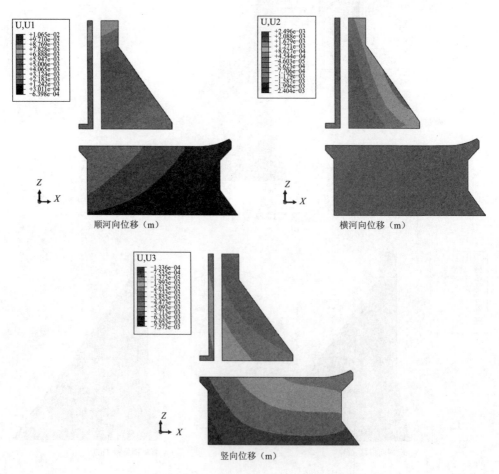

顺河向位移（m）   横河向位移（m）

竖向位移（m）

图 6.55   左底孔坝段典型剖面位移云图（工况 5）

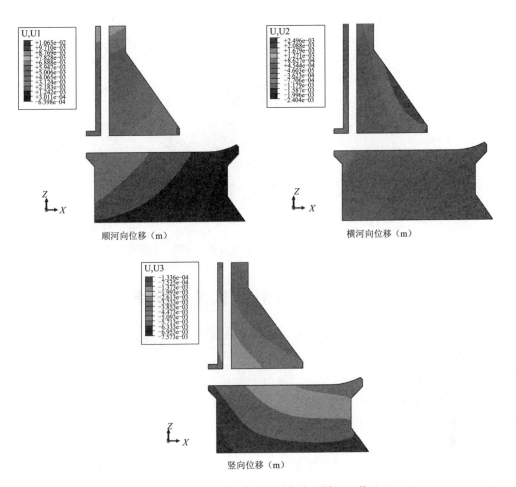

图 6.56 右底孔坝段典型剖面位移云图（工况 5）

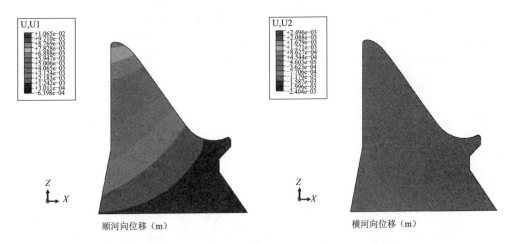

图 6.57（一） 溢流坝段典型剖面位移云图（工况 5）

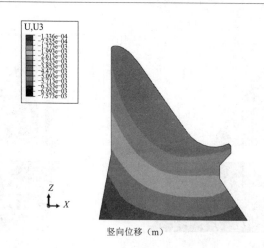

竖向位移（m）

图 6.57（二）　溢流坝段典型剖面位移云图（工况 5）

6.4　大坝变形计算结果分析

通过有限元计算得到各工况坝体最大位移见表 6.7。从坝体位移计算结果可以看出，顺河向的最大位移为 10.65mm（指向下游），发生在工况 5（即温度降低工况）的溢流坝段。顺河向的最小位移为 -0.777mm（指向上游），发生在工况 4（即温度升高工况）的挡水坝段；最大横河向位移为 -4.337mm（左岸指向右岸）和 4.404mm（右岸指向左岸），发生在工况 4（即温度升高工况）的底孔坝段；最大竖向位移为 -7.573mm，发生在工况 5（即温度降低工况）的溢流坝段。

大坝下游侧表面变形测点位置如表 6.8 和图 6.58 所示，图中第一排自右向左测点号为 P1～P8，第二排自右向左测点号为 P9、P10，第三排为 P11、P12。为了便于计算值与实测值进行比较，给出了大坝下游侧表面变形第一排测点 P2～P8 的位移，见表 6.9～表 6.13。其他测点位置或居于边缘，或高程偏低，位移量比较小。

表 6.7　　　　　　　　　　　　坝体最大位移计算表　　　　　　　　　　　单位：mm

工况	坝段	最大顺河向位移		最大横河向位移				最大竖向位移	
		数值	发生部位	数值	发生部位	数值	发生部位	数值	发生部位
工况 1	溢流坝段	4.638	闸墩顶部下游侧	0.603	左边墩顶部下游侧	-0.565	右边墩顶部下游侧	-2.813	左边墩顶部
	底孔坝段	3.154	左底孔段坝顶	1.718	右底孔段坝顶	-1.778	左底孔段坝顶	-2.770	左底孔段右边墙下游端
	挡水坝段	2.208	左挡水段上游面 895 高程处	1.495	右挡水段坝顶	-1.566	左挡水段坝顶	-2.101	左挡水段坝顶
工况 2	溢流坝段	5.099	闸墩顶部下游侧	0.603	左边墩顶部下游侧	-0.561	右边墩顶部下游侧	-2.811	左边墩顶
	底孔坝段	3.629	左底孔段坝顶	1.722	右底孔段坝顶	-1.774	左底孔段坝顶	-2.813	左底孔段右边墙下游端

续表

工况	坝段	最大顺河向位移		最大横河向位移				最大竖向位移	
		数值	发生部位	数值	发生部位	数值	发生部位	数值	发生部位
工况2	挡水坝段	2.627	左挡水段坝顶	1.489	右挡水段坝顶	-1.556	左挡水段坝顶	-2.020	左挡水段坝顶
工况3	溢流坝段	6.043	闸墩顶部下游侧	0.592	左边墩顶部下游侧	-0.581	右边墩顶部下游侧	-2.834	左边墩顶
	底孔坝段	4.627	左底孔段坝顶	1.766	右挡水段坝顶	-1.808	左挡水段坝顶	-2.951	左底孔段右边墙下游端
	挡水坝段	3.541	左挡水段坝顶	1.518	右挡水段坝顶	-1.572	左挡水段坝顶	-1.921	左挡水段坝顶
工况4	溢流坝段	3.543	导墙下游端顶部	2.591	左边墩顶部下游侧	-2.535	右边墩顶部下游侧	-3.720	挑流坎
	底孔坝段	3.551	右底孔段导墙下游端顶部	4.046	右挡水段坝顶	-4.337	左挡水段坝顶	-4.003	底孔段导墙下游端
	挡水坝段	-0.777	左挡水段坝顶	2.688	右挡水段坝顶	-3.026	左挡水段坝顶	-2.168	左挡水段坝上游面886高程处
工况5	溢流坝段	10.65	左边墩顶部上游侧	1.770	右边墩中部下游侧	-1.814	左边墩中部下游侧	-7.573	闸墩顶部下游侧
	底孔坝段	8.598	左底孔段坝顶	1.924	右底孔段下游面883m高程	-1.991	左底孔段下游面883m高程	-5.060	左底孔段坝顶
	挡水坝段	6.550	左挡水段坝顶	2.496	右挡水段坝顶	-2.404	左挡水段坝顶	-5.025	左挡水段坝顶

表6.8　　　　　　　　　　大坝下游侧坝面表面变形测点位置表　　　　　　　　单位：m

测点编号	桩　号	高　程	坝轴距	测点编号	桩　号	高　程	坝轴距
P1	0+14.7	909.59	3.80	P7	0+169.61	909.56	3.80
P2	0+38.49	909.58	3.80	P8	0+187.99	909.55	3.80
P3	0+62.19	909.48	3.80	P9	0+61.63	889.63	5.84
P4	0+100.44	909.54	16.29	P10	0+189.21	892.03	5.98
P5	0+145.16	909.56	16.19	P11	0+63.09	898.21	12.25
P6	0+155.4	909.56	3.80	P12	0+181.03	898.01	10.29

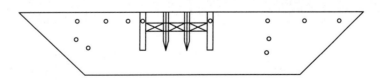

图6.58　大坝下游面12个坝面变形测点分布图

表 6.9 　　　　　　　　　　　　实测点计算位移（工况 1）　　　　　　　　　单位：mm

测点编号	顺河向位移	横河向位移	竖向位移	测点编号	顺河向位移	横河向位移	竖向位移
P2	0.701	−0.969	−1.245	P6	2.740	1.138	−2.369
P3	1.696	−1.150	−1.853	P7	2.182	1.104	−2.130
P4	4.330	0.555	−2.756	P8	1.440	1.027	−1.777
P5	4.261	−0.513	−2.789				

表 6.10 　　　　　　　　　　　　实测点计算位移（工况 2）　　　　　　　　　单位：mm

测点编号	顺河向位移	横河向位移	竖向位移	测点编号	顺河向位移	横河向位移	竖向位移
P2	0.933	−0.915	−1.221	P6	3.153	1.116	−2.289
P3	2.084	−1.115	−1.795	P7	2.566	1.077	−2.061
P4	4.752	0.556	−2.757	P8	2.082	0.722	−1.032
P5	4.677	−0.516	−2.786				

表 6.11 　　　　　　　　　　　　实测点计算位移（工况 3）　　　　　　　　　单位：mm

测点编号	顺河向位移	横河向位移	竖向位移	测点编号	顺河向位移	横河向位移	竖向位移
P2	1.404	−0.827	−1.192	P6	4.024	1.096	−2.182
P3	2.867	−1.071	−1.712	P7	3.365	1.047	−1.970
P4	5.627	0.552	−2.786	P8	2.404	0.914	−1.663
P5	5.543	−0.519	−2.811				

表 6.12 　　　　　　　　　　　　实测点计算位移（工况 4）　　　　　　　　　单位：mm

测点编号	顺河向位移	横河向位移	竖向位移	测点编号	顺河向位移	横河向位移	竖向位移
P2	−0.240	−1.208	−0.087	P6	0.493	3.408	−1.832
P3	−0.051	−2.196	−0.649	P7	0.269	2.656	−1.152
P4	1.435	2.308	−0.910	P8	−0.017	1.862	−0.617
P5	1.268	−2.408	−1.020				

表 6.13		实测点计算位移（工况 5）				单位：mm	
测点编号	顺河向位移	横河向位移	竖向位移	测点编号	顺河向位移	横河向位移	竖向位移
P2	2.713	−1.169	−3.484	P6	6.585	−1.139	−4.742
P3	4.929	−0.543	−4.582	P7	5.476	−0.205	−4.799
P4	8.454	−1.546	−7.061	P8	4.142	0.545	−4.406
P5	8.587	1.706	−7.102				

6.5　大坝变形监测预警指标

　　通过有限元计算获得了不同工况下坝体位移，坝体顺河向最大位移为 10.65mm（指向下游），顺河向的最小位移为 −0.777mm（指向上游）；横河向最大位移为 −4.337mm（左岸指向右岸）和 4.404mm（右岸指向左岸）；竖向最大位移为 −7.573mm。通过线性插值获取了 P2～P8 测点处的位移。表 6.14～表 6.16 给出了典型测点处不同工况的顺河向位移、横河向位移和竖向位移（有限元计算值），由此可拟定汾河二库高碾压混凝土典型测点变形监控指标。表 6.17 为 P2～P8 测点处的变形监控指标。表 6.18～表 6.20 分别给出了 2019 年 6 月实测的横河向位移、顺河向和竖向位移。顺河向正向为从上游指向下游，横河向正向为从右岸指向左岸，竖向正向为竖直向上。分析测点位移可知，总体而言，实测值都比较小，均在变形监控拟定指标范围内。

表 6.14	测点处不同工况的顺河向位移（计算值）				单位：mm
测点编号	工况 1	工况 2	工况 3	工况 4	工况 5
P2	0.701	0.933	1.404	−0.240	2.713
P3	1.696	2.084	2.867	−0.051	4.929
P4	4.330	4.752	5.627	1.435	8.454
P5	4.261	4.677	5.543	1.268	8.587
P6	2.740	3.153	4.024	0.493	6.585
P7	2.182	2.566	3.365	0.269	5.476
P8	1.440	2.082	2.404	−0.017	4.142

表 6.15	测点处不同工况的横河向位移（计算值）				单位：mm
测点编号	工况 1	工况 2	工况 3	工况 4	工况 5
P2	−0.969	−0.915	−0.827	−1.208	−1.169
P3	−1.150	−1.115	−1.071	−2.196	−0.543

续表

测点编号	工况 1	工况 2	工况 3	工况 4	工况 5
P4	0.555	0.556	0.552	2.308	−1.546
P5	−0.513	−0.516	−0.519	−2.408	1.706
P6	1.138	1.116	1.096	3.408	−1.139
P7	1.104	1.077	1.047	2.656	−0.205
P8	1.027	0.722	0.914	1.862	0.545

表 6.16　　　　　　　测点处不同工况的竖向位移（计算值）　　　　　　单位：mm

测点编号	工况 1	工况 2	工况 3	工况 4	工况 5
P2	−1.245	−1.221	−1.192	−0.087	−3.484
P3	−1.853	−1.795	−1.712	−0.649	−4.582
P4	−2.756	−2.757	−2.786	−0.910	−7.061
P5	−2.789	−2.786	−2.811	−1.020	−7.102
P6	−2.369	−2.289	−2.182	−1.832	−4.742
P7	−2.130	−2.061	−1.970	−1.152	−4.799
P8	−1.777	−1.032	−1.663	−0.617	−4.406

表 6.17　　　　　　　　典型测点处的变形监测预警指标　　　　　　　单位：mm

测点编号	顺河向	横河向	竖　　向
P2	0.240（向上游） 2.713（向下游）	1.208（向右岸）	3.484（垂直向下）
P3	0.051（向上游） 4.929（向下游）	2.196（向右岸）	4.582（垂直向下）
P4	8.454（向下游）	1.546（向右岸） 2.308（向左岸）	7.061（垂直向下）
P5	8.587（向下游）	2.408（向右岸） 1.706（向左岸）	7.102（垂直向下）
P6	6.585（向下游）	1.139（向右岸） 3.408（向左岸）	4.742（垂直向下）
P7	5.476（向下游）	0.205（向右岸） 2.656（向左岸）	4.799（垂直向下）
P8	0.017（向上游） 4.142（向下游）	1.862（向左岸）	4.406（垂直向下）

表 6.18　实测的横河向位移

单位：mm

日　期	P1-X	P2-X	P3-X	P4-X	P5-X	P6-X	P7-X	P8-X	P9-X	P10-X	P11-X	P12-X
2019 年 6 月 1 日	-1.192	-2.956	-1.832	-0.553	0.374	0.751	0.379	0.221	-0.688	3.215	0.311	1.350
2019 年 6 月 2 日	-2.346	-2.472	-2.285	-0.838	-0.101	0.288	-0.125	-0.077	-0.418	2.946	0.483	0.914
2019 年 6 月 3 日	-1.057	-3.695	-2.279	-1.365	0.006	0.316	0.083	-0.103	-1.374	3.028	-0.491	1.095
2019 年 6 月 4 日	0.271	-3.130	-2.331	-1.036	-0.059	0.310	-0.096	-0.189	-1.336	2.926	-0.011	1.011
2019 年 6 月 5 日	-1.814	-3.340	-3.194	-1.285	-0.059	0.043	-0.109	-0.098	-2.114	2.886	-0.771	1.057
2019 年 6 月 6 日		-2.538	-1.697	-0.577	0.531	0.806	0.523	0.167	-1.105	3.078	-0.047	1.188
2019 年 6 月 7 日	-1.896	-3.344	-1.665	-0.789	0.195	0.789	0.192	0.111	-1.600	3.149	-0.664	1.253
2019 年 6 月 8 日	-1.210	-1.192	-2.133	-0.383	0.437	0.840	0.331	0.154	-1.449	3.104	0.643	1.267
2019 年 6 月 9 日	-2.758	-3.713	-2.325	-1.345	0.090	0.260	0.040	-0.024	-1.697	2.883	-0.831	0.963
2019 年 6 月 10 日		-2.956	-1.640	-0.661	0.022	0.347	-0.001	-0.170	-1.294	2.962	-0.595	1.100
2019 年 6 月 11 日	-2.612	-4.063	-3.375	-1.379	-0.142	-0.088	-0.362	-0.225	-2.171	2.805	-1.365	0.953
2019 年 6 月 12 日	-1.856	-4.165	-3.208	-1.812	-0.314	-0.096	-0.404	-0.245	-1.988	2.908	-1.061	0.929
2019 年 6 月 13 日		-2.691	-2.883	-1.332	-0.367	-0.016	-0.357	-0.252	-1.016	2.820	-0.496	1.002
2019 年 6 月 14 日	-0.936	-3.982	-2.378	-1.301	-0.180	-0.083	-0.237	-0.302	-1.702	2.734	-0.641	0.940
2019 年 6 月 15 日	-1.952	-3.470	-2.444	-1.431	-0.324	-0.050	-0.618	-0.348	-1.567	2.719	-0.457	0.872
2019 年 6 月 16 日	-2.211	-3.854	-3.036	-1.453	-0.390	-0.233	-0.487	-0.354	-1.931	2.792	-0.772	0.880
2019 年 6 月 17 日	-1.411	-4.659	-3.818	-2.167	-0.575	-0.459	-0.534	-0.354	-2.187	2.720	-1.075	0.920
2019 年 6 月 18 日		-3.460	-2.541	-0.927	-0.353	-0.221	-0.492	-0.420	-1.798	2.681	-0.727	0.933
2019 年 6 月 19 日		-2.930	-2.533	-1.050	-0.420	-0.239	-0.727	-0.477	-1.546	2.607	-0.643	0.828
2019 年 6 月 20 日		-3.067	-2.847	-1.511	-0.107	-0.174	-0.380	-0.597	-1.587	2.658	-0.028	0.818
2019 年 6 月 21 日		-3.331	-2.961	-1.326	-0.552	-0.402	-0.706	-0.581	-1.641	2.598	-0.347	0.926
2019 年 6 月 22 日	-0.325	-3.130	-2.614	-0.961	-0.136	-0.169	-0.418	-0.653	-1.191	2.590	0.552	1.029
2019 年 6 月 23 日		-2.180	-2.751	-1.351	-0.695	-0.519	-0.862	-0.660	-1.356	2.535	0.589	0.881
2019 年 6 月 24 日	0.634	-3.295	-2.919	-1.382	-0.498	-0.539	-0.651	-0.703	-1.542	2.548	0.392	0.980
2019 年 6 月 25 日		-2.564	-2.508	-1.135	-0.642	-0.716	-0.960	-0.818	-1.280	2.584	0.029	0.857
2019 年 6 月 26 日		-3.091	-2.841	-1.421	-0.680	-0.715	-0.909	-0.810	-1.439	2.582	0.108	0.850
2019 年 6 月 27 日	0.941	-2.882	-2.271	-0.751	-0.501	-0.771	-1.155	-0.788	-1.110	2.518	0.601	0.833
2019 年 6 月 28 日	-1.361	-2.743	-2.749	-1.395	-0.629	-0.415	-0.715	-0.596	-1.826	2.723	-0.303	1.066
最大值	0.941	-1.192	-1.640	-0.383	0.531	0.840	0.523	0.221	-0.418	3.215	0.643	1.350

表 6.19　实测的顺河向位移

单位：mm

日　期	P1-Y	P2-Y	P3-Y	P4-Y	P5-Y	P6-Y	P7-Y	P8-Y	P9-Y	P10-Y	P11-Y	P12-Y
2019年6月1日	-0.201	-0.922	0.028	1.748	0.912	1.270	1.351	1.930	-0.105	0.986	0.321	1.674
2019年6月2日	-0.546	-0.578	-0.121	1.483	0.623	0.739	0.708	1.462	0.135	0.608	0.388	1.191
2019年6月3日	-0.076	-0.871	-0.080	1.473	0.475	0.898	1.068	1.608	-0.308	0.902	0.012	1.390
2019年6月4日	0.621	-0.169	0.343	2.043	0.684	1.152	1.195	1.788	0.144	1.022	0.654	1.588
2019年6月5日	-0.048	-0.507	-0.277	1.633	0.409	0.797	0.831	1.712	-0.501	0.642	0.076	1.221
2019年6月6日		-0.533	0.014	1.176	1.006	1.166	1.335	1.926	-0.129	0.989	0.281	1.632
2019年6月7日	-0.142	-0.678	0.165	1.400	0.841	1.316	1.057	1.817	-0.020	0.956	0.365	1.590
2019年6月8日	-0.259	-0.082	-0.109	1.384	0.867	1.280	1.308	1.945	-0.320	0.916	0.336	1.615
2019年6月9日	-0.221	-0.647	0.038	1.384	0.735	0.978	1.076	1.745	-0.222	0.914	0.155	1.568
2019年6月10日		-0.002	0.493	1.954	0.946	1.357	1.350	1.860	0.171	0.973	0.467	1.669
2019年6月11日	0.479	-0.545	-0.003	1.835	0.820	0.857	1.045	1.732	-0.175	0.734	0.149	1.325
2019年6月12日	0.023	-0.533	-0.055	1.606	0.536	0.979	0.852	1.672	-0.311	0.928	0.097	1.419
2019年6月13日		0.246	0.211	1.708	0.746	1.316	1.164	1.887	0.465	0.998	0.652	1.614
2019年6月14日		-0.458	0.253	1.516	0.875	1.091	1.164	1.728	-0.001	0.932	0.407	1.596
2019年6月15日		-0.013	0.488	1.906	0.830	1.259	0.894	1.680	0.225	0.978	0.573	1.558
2019年6月16日	0.592	-0.136	0.306	1.676	0.592	1.168	0.952	1.700	0.207	0.865	0.495	1.661
2019年6月17日	0.195	-0.528	-0.109	1.107	0.335	0.894	0.956	1.533	-0.193	0.621	0.287	1.354
2019年6月18日	0.461	0.160	0.605	1.876	0.576	1.236	1.146	1.829	0.297	0.868	0.595	1.633
2019年6月19日	0.497	0.280	0.572	2.093	0.498	1.357	1.015	1.805	0.331	0.970	0.605	1.635
2019年6月20日		0.388	0.527	1.823	0.586	1.426	1.367	1.640	0.367	0.961	0.760	1.462
2019年6月21日		0.403	0.651	2.032	0.366	1.464	1.106	1.970	0.533	1.111	0.797	1.661
2019年6月22日	1.098	0.557	0.820	2.093	0.632	1.645	1.337	1.679	0.685	1.042	1.130	1.779
2019年6月23日		0.798	0.857	1.901	0.293	1.457	1.053	2.082	0.701	1.115	1.100	1.710
2019年6月24日	1.474	0.403	0.736	1.887	0.458	1.589	1.280	1.664	0.534	1.096	1.017	1.886
2019年6月25日		0.810	1.084	2.255	0.534	1.397	1.125	1.862	0.744	1.154	1.155	1.788
2019年6月26日		0.794	0.949	2.365	0.642	1.540	1.363	1.857	0.736	1.148	1.101	1.823
2019年6月27日	1.700	0.852	1.182	2.370	0.721	1.534	1.096	1.880	0.968	1.225	1.365	1.868
2019年6月28日	0.975	0.797	0.871	1.792	0.723	1.619	1.191	1.985	0.506	1.344	1.037	1.771
最大值	1.700	0.852	1.182	2.370	1.006	1.645	1.367	2.082	0.968	1.344	1.365	1.886

6.20 实测的竖向位移

单位：mm

日期	P1-Z	P2-Z	P3-Z	P4-Z	P5-Z	P6-Z	P7-Z	P8-Z	P9-Z	P10-Z	P11-Z	P12-Z
2019年6月1日	2.017	1.394	1.558	2.404	1.932	1.228	1.224	0.933	1.756	4.135	2.125	1.224
2019年6月2日	1.601	1.605	1.397	2.454	2.318	1.234	1.306	1.286	2.262	4.410	1.818	1.581
2019年6月3日	1.884	1.275	1.777	2.276	2.278	1.073	1.655	1.128	1.508	4.340	1.337	1.635
2019年6月4日	3.842	2.414	2.353	2.412	2.249	1.253	1.242	1.189	1.959	4.194	1.711	1.323
2019年6月5日	1.124	2.162	2.075	2.289	2.136	0.822	1.225	1.107	1.883	4.150	1.852	1.043
2019年6月6日		0.689	0.906	2.136	1.619	0.840	1.041	0.959	1.337	4.135	1.041	1.119
2019年6月7日	1.867	1.566	1.465	2.275	2.067	1.172	0.955	0.766	2.329	3.883	2.111	1.039
2019年6月8日	-0.152	0.980	1.139	2.329	1.861	1.149	1.071	1.046	1.838	4.221	1.965	1.289
2019年6月9日	2.189	1.527	2.060	2.430	2.309	1.237	1.713	1.064	1.697	4.525	1.528	1.451
2019年6月10日		2.100	1.995	2.723	2.388	1.212	1.296	1.242	2.182	4.194	2.012	1.256
2019年6月11日	1.997	1.858	2.458	2.688	2.224	1.161	1.476	1.253	2.109	4.085	1.728	1.082
2019年6月12日	0.821	1.892	2.369	2.766	2.482	1.209	1.596	1.043	2.137	4.126	2.026	1.171
2019年6月13日		1.824	2.526	3.234	2.301	1.330	1.466	1.131	2.494	4.009	2.032	1.196
2019年6月14日		1.760	2.157	2.833	2.775	1.380	1.724	1.265	1.717	4.672	1.803	1.523
2019年6月15日		2.472	2.528	3.499	2.625	1.574	1.472	1.127	2.315	4.142	2.193	1.151
2019年6月16日	3.714	2.546	2.481	3.519	3.136	1.409	1.555	1.135	2.639	4.206	2.372	1.210
2019年6月17日	1.826	1.998	1.889	3.001	2.338	1.218	1.498	0.980	2.099	4.249	1.446	1.427
2019年6月18日	1.524	2.136	2.725	3.273	2.677	1.134	1.442	1.148	2.369	4.123	1.908	0.941
2019年6月19日	2.263	3.047	3.536	3.405	3.012	1.873	1.859	1.391	2.582	4.547	2.181	1.208
2019年6月20日		2.634	2.637	3.959	3.024	1.871	1.763	1.449	2.906	4.455	2.038	1.223
2019年6月21日	8.118	2.183	2.778	3.660	2.923	1.966	1.807	1.480	2.522	4.519	2.490	1.276
2019年6月22日		2.512	2.491	3.858	3.171	2.056	1.926	1.464	2.645	4.531	2.350	1.489
2019年6月23日		2.509	2.904	3.715	3.155	1.924	1.821	1.525	2.636	4.490	2.640	1.423
2019年6月24日	2.527	2.338	2.454	3.655	2.936	1.794	1.789	1.373	2.700	4.422	2.258	1.470
2019年6月25日		2.550	2.927	3.802	3.180	1.950	1.754	1.473	2.588	4.197	2.192	1.337
2019年6月26日		2.725	3.089	4.002	2.996	1.953	2.038	1.622	2.667	4.538	2.191	1.506
2019年6月27日	3.350	2.814	3.225	4.413	3.958	2.600	2.389	1.790	3.167	4.686	2.780	1.608
2019年6月28日	2.357	2.243	2.598	3.700	2.755	1.586	1.607	1.468	2.252	4.069	1.744	0.876
最大值	8.118	3.047	3.536	4.413	3.958	2.600	2.389	1.790	3.167	4.686	2.780	1.635

第7章 总 结

通过系统地介绍大坝安全监测系统评价方法，阐述了大坝安全监测系统的综合评价体系、评价标准和评价方法。按照现行规范要求，完成了汾河二库大坝安全监测系统鉴定，给出了监测系统评价及改进意见。通过全面总结，系统地研究了混凝土坝多场耦合分析方法和变形监控指标拟定方法。建立了汾河二库大坝变形分析的多场耦合三维有限元模型，通过数值模拟方法获取了不同工况下大坝及坝面典型测点位移值，分析监测数据，从而确定了汾河二库大坝安全变形监测预警指标。

汾河二库碾压混凝土坝变形监测预警指标为：①坝体顺河向最大位移为 10.65mm，横河向最大位移为 −4.337mm 和 4.404mm，竖向最大位移为 −7.573mm；②测点处顺河向最大位移为 8.587mm，横河向最大位移为 −2.408mm 和 3.408mm，竖向位移为 −7.061mm；③典型测点处的变形监测预警指标见表 7.1。

表 7.1 　　　　　　　　　**典型测点处的变形监测预警指标** 　　　　　　单位：mm

测点编号	顺河向	横河向	竖向
P2	0.240（向上游） 2.713（向下游）	1.208（向右岸）	3.484（垂直向下）
P3	0.051（向上游） 4.929（向下游）	2.196（向右岸）	4.582（垂直向下）
P4	8.454（向下游）	1.546（向右岸） 2.308（向左岸）	7.061（垂直向下）
P5	8.587（向下游）	2.408（向右岸） 1.706（向左岸）	7.102（垂直向下）
P6	6.585（向下游）	1.139（向右岸） 3.408（向左岸）	4.742（垂直向下）
P7	5.476（向下游）	0.205（向右岸） 2.656（向左岸）	4.799（垂直向下）
P8	0.017（向上游） 4.142（向下游）	1.862（向左岸）	4.406（垂直向下）